U0347241

记忆脑

在AI时代如何巧用大脑

〔日〕桦沢紫苑 著

宫静 译

机械工业出版社

CHINA MACHINE PRESS

在互联网和 AI 时代，对记忆的定义已经从"能记住多少"变成了"善于使用存储的信息的能力"。对记忆来说，比起输入，更重要的是输出；如果能成功地玩转输入和输出，获得人脑和数字脑相结合的"记忆脑"，那么工作和学习的效率就会获得十倍甚至百倍的增长。

《记忆脑》将从根本上改变你对记忆概念的认知，作者桦沢紫苑凝聚了身为精神科医师 20 多年的实践经验，提供了超过 50 种实用的记忆技巧。这一定会让你在 AI 时代实现脑的最优化，提高工作、学习以及人生的质量。

KIOKUNOU

Copyright © Zion Kabasawa, 2024

First published in Japan in 2024 by Sunmark Publishing, Inc.

Simplified Chinese translation rights arranged with Sunmark Publishing, Inc. through Shanghai To-Asia Culture Communication Co., Ltd

Simplified Chinese edition copyright © 2024 by China Machine Press Co., Ltd.

北京市版权局著作权合同登记　图字：01-2024-2884 号。

图书在版编目（CIP）数据

记忆脑：在 AI 时代如何巧用大脑／（日）桦沢紫苑著；宫静译. -- 北京：机械工业出版社，2024. 11.

ISBN 978-7-111-76634-6

Ⅰ. B842. 3

中国国家版本馆 CIP 数据核字第 2024DY4893 号

机械工业出版社（北京市百万庄大街 22 号　邮政编码 100037）
策划编辑：廖　岩　　　　责任编辑：廖　岩　张雅维
责任校对：郑　婕　陈　越　责任印制：邹　敏
三河市航远印刷有限公司印刷
2025 年 1 月第 1 版第 1 次印刷
145mm×210mm・7.625 印张・1 插页・125 千字
标准书号：ISBN 978-7-111-76634-6
定价：59.00 元

电话服务　　　　　　　　　网络服务
客服电话：010-88361066　　机　工　官　网：www.cmpbook.com
　　　　　010-88379833　　机　工　官　博：weibo.com/cmp1952
　　　　　010-68326294　　金　书　网：www.golden-book.com
封底无防伪标均为盗版　　机工教育服务网：www.cmpedu.com

再版序

"人工智能时代根本不需要记忆力"是大谎言

"如果不知道，上网查一下就好了。"

"只要智能手机在手，就不用去记忆每个具体的数字了。"

"ChatGPT 能回答你的任何问题。"

"人工智能时代根本不需要记忆力。"

如果你也有这样的想法，也许你还不清楚"记忆力"是如何工作的。在互联网和人工智能（AI）时代，只需一部智能手机便可以随时提取所需信息。所以，你没有必要记忆每一个统计数据。

但是，应该如何使用搜索关键词来即时搜索和提取信息呢？如果不具备这一技能，你就无法从互联网中累积的大量信息中获取你所需要的信息。这可谓拿着金饭碗讨饭吃，英雄无用武之地。

对于大部分人来说，当他们说"记忆"时，指的是在大脑中存储信息，或者"保持"记忆。其实在学习科学中，记忆分为三个过程：

"识记（编码）"

"保持（储存）"

"回忆（提取）"

换一种易于理解的说法，我们可以称其为记忆的"入口""保持""出口"。

现如今，记忆的中间过程"保持（储存）"被数字和网络代替，我们可以在电脑、智能手机等数字设备，或者网络云端保存信息。随着 ChatGPT 的出现，存储在互联网上的知识的集合也可以像自己的记忆一样被快速检索出来。这太神奇了！可以存储的信息总量非常巨大，远远超过了人脑的存储量。

然而，保持（存储）记忆只是记忆的一部分。

记忆的入口和出口的精度和质量如何呢？除非在电脑或智能手机上输入信息，比如个人信息和搜索记录等，否则过后就无法访问。如果输入信息需要花费大量时间，或者不知道信息存储在哪里，那就相当不方便了。

另外，在网上搜索时，也有好搜索者和坏搜索者之分：有些人在 30 秒内就能搜索到一条信息，有些人则需要 10 分钟，有些人哪怕用了 30 分钟，但仍然无法搜索到所需信息。

如今，只要你向人工智能 ChatGPT 提出适当的问题，它就会迅速反馈最佳解决方案。然而，尽管有如此便利的服务，却很少有人能够灵活运用它。换句话说，如果你不提高回忆（提取）能力，即记忆的出口，就无法提高你的整体记忆力。

如果对记忆的入口和出口进行训练，记忆的潜力将是无限的

现在，面对一部智能手机，毫无疑问，打字输入和阅读搜索出的信息是我们的任务。

得益于数字化、互联网和人工智能，信息的保持几乎变得无限化，但如果入口和出口的人为环节效率低下，再多再好的信息也无法得到有效利用。这就好比你在银行里有 10 亿日元的存款，但每天只能从自动取款机上提取 1000 日元。

如果入口和出口得到加强，记忆潜能就能无限增加。

如果能成功自如地玩转输入和输出，获得人脑和数字脑相结合的"记忆脑"，那么工作和学习的效率就会获得十倍甚至百倍的增长。

十年前，记忆的定义是"你能记住多少"，但现在已经发生了巨大变化。人工智能时代记忆的定义是"善于使用存储的信息的能力",包括搜索能力。信息可以存储在你的大脑中、电脑/手机中、互联网上、人工智能数据库中,无论你使用的是什么。与其说这是定义的改变,不如说是规则的改变。

如果我们能像利用自己的大脑一样利用互联网上的信息,那么我们的记忆力几乎是无限的。在了解了这一时代巨变之后,你还能说人工智能时代不需要记忆力吗?

一本抢占人工智能时代先机的书

本书《记忆脑》是 2016 年出版的《不用记忆的记忆术》的修订版。

当时在第 5 章"获得无限的记忆——精神科医生的'社交记忆术'"中,详细讲解了最先进的大脑使用方法。它具体告诉你如何像利用大脑中的信息一样灵活利用互联网上的信息,这里的互联网上的信息也包括通过 ChatGPT 等人工智能获取的信息。

八年前,ChatGPT 甚至还不存在,这真是对未来的精准预言。

当时把互联网作为外部存储器的想法可能还停留在科幻小说的世界里,比如动画片《攻壳机动队》,但还没有商业书籍把它作为"记忆术"之一。现在读这本书,依然感觉非常新鲜,我觉得时代终于跟上了我的步伐。

我希望在人工智能的使用急剧增加、我们将进入真正的人工智能时代的现在,更多人能读到这本完全适应人工智能时代的书。

只需要一小时,大脑就会变聪明!

你知道"记忆至少需要六小时的睡眠"吗?

现在这已经是脑科学领域的常识,但在我还是学生的时候,有一种说法叫"四上五落"(每天睡四个小时能考上大学,睡五个小时则会落榜),削减睡眠时间来学习被视为理所当然的事情。当时作为一名高中生,我每天的睡眠不足六小时,错误的学习方法让我损失了大量的时间。这是生命的损失,是对人生的浪费。

然而,"少睡也要学习!"这一可怕的旧时代的学习方法,至今仍有很多人奉行。特别是,如果考试前一天睡眠不足六小时,第二天集中注意力的能力就会大大降低。换句话说,如果考试前一天睡眠不足,考试当天甚至想不起来本已掌握的知识,导致犯下一系列不可思议的错误。

睡眠不足的人只要多睡一个小时，就能变得更聪明。很多人不知道这一点，误以为自己天生愚笨，没办法改变。

无独有偶，据报道，青春期睡眠不足会增加日后精神疾病的发病率。这样的人不仅会失眠、痴呆，还可能患上精神病。这是一个有点复杂的问题。

为了保持记忆力，你每天至少需要六小时的睡眠。只有保证好的睡眠，记忆力和注意力才会提升，成绩和学习能力也会随之得到提升。然而，即使过了八年，这一知识也没有被广泛地认识到。

在这本《记忆脑》中，我也用了很多篇幅来介绍这些培养记忆力的生活习惯，传递在工作和学习中表现得更好的方法。它们都是具体的，今天就可以开始实践。希望你们将这些方法融入日常生活。

没有人告诉你的人生百年的令人不安的事实

人生百年，医学的进步正在延长人们的预期寿命。"准备好在退休后和老年时享受第二次生命吧！"——大多数人都被这句让人倍感舒适的话哄骗了，其实存在着一个令人不安的事实。如果不注重健康，不采取预防和应对措施，随着你的人生长度的增长，老年痴呆症可能在等着你。

事实上，患有痴呆症的老年人比例大致如下：85 ~ 89岁的老年痴呆症患者比例为40%，90 ~ 100 岁的比例为60%，超过100 岁老人的比例大概为 60% ~ 70%。尽管他们的寿命更长，但是每三个人中就会有两个人患上痴呆症。卧床不起，需要被照护度过老年，这是你想要的老年生活吗？

不过，我们也不必气馁。预防痴呆症的方法日渐明朗。预防痴呆症有三大法宝：运动、与人交往和学习（大脑训练）。本书中介绍的习惯，如输入输出循环、与人见面并输出等，就是最好的大脑训练和痴呆症预防方法。

每天一坐就是几个小时，不与他人见面，只使用手机和玩游戏（输入型娱乐）的人，正朝着痴呆症的方向直线前进。

本书介绍的方法正是可以用来预防痴呆症的。通过重复输入和输出，训练自己的"记忆大脑"，确保记忆的入口和出口正常运作，从而减少对痴呆症的焦虑。

在人工智能时代，实现大脑的"最优化"

2024 年，几乎人手一部智能手机，可以说人工智能技术来到了飞跃时代的入口。也正因如此，希望你能在本书中了解大脑和记忆的存在方式，以及如何最高效地使用大脑。

本书有很多干货信息，工作精力旺盛的中老年人自不必说，初中生和高中生，以及青年人，在面临学习和资格考试等时应采取何种对策，也能在本书中找到答案。

尽管都说"上网一查立马就知道了，所以并不需要记住细节"，但在高中和大学入学考试、资格考试和语言考试等关乎人生的重要考试中，却不允许使用智能手机。换句话说，即使在当今时代，传统老式的记忆仍然是绝对必要的。没有记忆，就不可能通过考试。

本书介绍的记忆技巧对于需要大量记忆的考试学习特别有效，可以说是一种符合脑科学的正确学习方法。

如果那些不知道该如何学习的初中生和高中生读了这本书，人生将因此而改变！毫不夸张地说，这本书将改变他们的一生。如果我有一台时光机，我真想亲手把这本《记忆脑》交给初中时的自己（桦沢）！

阅读《记忆脑》将从根本上改变你对"记忆"的概念认知。把不需要记住的部分留给外部记忆，增加大脑的自由容量，你将能够增加你真正需要的信息、知识、智慧结晶和有实际应用空间的智慧。这一定会提高工作和学习效率，以及人生质量。

《记忆脑》这本书会让你在人工智能时代实现大脑的最优化。来阅读《记忆脑》，学习"真正的大脑使用方法"，通过输出激活大脑，提高解决本质问题的能力吧！

2024 年 1 月末

桦沢紫苑

前　言

《记忆脑》助你实现快乐记忆

书读了，但内容转瞬即忘；

电影看了，情节却模糊不清；

工作中粗心大意的错误频出；

准备资格证书考试或者晋升考试，却感觉大脑一片空白；

最近总是丢三落四，不禁担心自己是否记忆力衰退。

你是否也有过这样的经历呢？

别担心，本书将为你介绍轻松解决此类问题的方法。

我特别喜欢电影，也经常观看电影。如果碰巧有朋友看过同一部电影，我们就会热烈地讨论起来。当我详细具体地提起电影中重要的台词、伏笔以及人物的心理变化时，朋友们总会惊讶地问："你怎么能记住这么多细节？"

每当这种时候，我反而会问他们："为什么你们记不起一个月前才看过的电影内容呢？"

不仅是电影，书籍也是如此。在讨论一个月前读过的一本书时，大多数人甚至无法谈及自己的印象。如果你连自己的感受都说不出来，就好像你根本没有读过这本书一样，这无疑会阻碍个人成长。

仔细回想，我不仅记得一个月前看过的电影和读过的书，与其他人相比，一年前甚至十年前看过的书和电影，我也会记得更多的细节。

这并不是因为我天生记忆力出众，相反，在学生时代，我曾因记忆力不好而备受困扰。但正是由于这些困扰和克服困扰所做出的努力，以及不断反复试错，我意识到自己可以鲜活地回忆起书中的内容、电影的情节以及自己经历过的印象深刻的工作场景，而这一切并不需要刻意去记忆。

我经常在公交车和地铁上看到备考的学生们疯狂地背诵和艰苦地记忆，其实完全没有必要。有这样一种"记忆术"，可以让你在充满趣味中轻松形成深刻的记忆，无须死记硬背。

不依赖死记硬背和记忆力

经过一年的复读生活，我考入了札幌医科大学医学院。成为医大的学生让我兴奋不已，并在最初的半年里四处玩要。很快就到了第一学期考试的季节。当时有一本名为《考试对策》的书，里面汇集了历年的考试题和笔记复印件，每门科目大约有 40～50 张 B5 大小的试卷，我只需要背下来这些就可以了。

虽说如此，但需要记忆的内容量还是相当庞大，并不容易背下来。我花了一周左右的时间尽力去背，但考试成绩还是惨不忍睹，尽管我勉强避免了不及格。

但我的一个朋友说："我可以在三天内把这些东西背下来，而且时间还很充裕。"

在我拼命努力学习的时候，我的同学们却轻轻松松地记住了《考试对策》的内容，分数也比我高得多。看到他们的样子和考试成绩，我心想，考上医学院的其他人，脑子的构造都跟我不一样。我领悟到如果我想跟他们比记忆力，我永远没有机会赢。

在这个小小的校园里，遍布着比我记忆力更好的人。毫无疑问，在校外比我聪明的人更是不计其数。如果在一个年级的 100 名学生中都没有胜算，我更无法在社会上与他们较量背诵和记忆。

这是我满怀梦想和希望进入医学院后经历的第一次挫折。不，这是第一次"意识到"。我当时想：除了单纯地死记硬背之外，还有什么办法能赢过他们吗？如何用自己原创的、个性的方法，而不是背诵现有课文来竞争呢？

许多年后，我发现了一种方法，不是通过"背诵力"，而是最大限度地发挥我的能力，或者说"脑力"。

这是我经过 20 年以上的时间不断尝试和打磨的一套方法。即使你的背诵和记忆能力很差，也可以做到独一无二、抓住机遇、实现压倒性的个人成长并受到社会的尊重。

这本书是我 20 多年来在记忆和学习方面不断尝试和摸索的成果，内容通俗易懂。

在如今这个搜索全盛时代，传统的背诵和记忆的技巧已经不再适用！

日本的高中和大学入学考试大多要求具备思考能力，但大多数问题都可以通过背诵和记忆来解决。简而言之，日本的考试制度将记忆力好的人视为"优秀"。然而，步入社会后，记忆力真的那么重要吗？

首先，记忆力真的有必要吗？

职场人生活在一个"作弊 OK"的世界里。例如，如果你要为工作演讲准备材料，需要尽可能多地阅读与演讲内容相关的书籍和文献，以使演讲内容更加充实。你可以查看和查询任何资料。事实上，如果你不翻阅相关的重要参考材料，肯定会挨骂。在此时，根本没有"死记硬背"的用武之地。我们需要的是利用信息的能力。

还有一点很重要，我们现在处于互联网时代和搜索时代。如果你忘记了一些数字或数据，可以通过在电脑或智能手机上搜索，在 15 秒或 30 秒内迅速找到"答案"。

网络世界已经成为我们的"外置硬盘"。在这样一个搜索时代，传统的背诵和记忆真的还有必要吗？

让我们来总结一下。除了那些准备国家考试、资格考试或晋升考试的人之外，你所想象的传统的背诵和记忆技巧在商务人士的日常工作中完全没有用武之地。

在这个搜索时代，没有必要记住信息内容本身。但是，如果不记住在哪里找何种信息，检索起来就会花费时间。

这考验的不是"记忆"本身，而是你能多快检索到你的记忆（过去遇到的信息、知识和经验）以及你能多好地利用这些记忆。

这种"信息利用"是一种全新的"记忆技巧"，更准确地说，是"记忆活用术"，在当今时代是非常必要的。

"记忆脑"源自记忆与大脑的研究

在成为作家之前，我作为一名精神科医生从事了十年的阿尔茨海默病研究，即已经研究了十余年的记忆与大脑。我的博士论文也是关于阿尔茨海默病的。阿尔茨海默病是一种以记忆障碍为主要症状的痴呆症。作为研究的一部分，我花了一些时间对数十名阿尔茨海默病患者进行"记忆测试"。我为此学习了不少关于记忆如何形成以及如何受损的知识。

我还利用互联网媒体，向累计超过 100 万的读者传播信息，这其中包括 YouTube 上的约 50 万订阅者、X（原Twitter）上的 27 万粉丝、Facebook 上的 15 万关注者。十年来，我坚持每天更新 YouTube 视频。而我在网络上进行信息传播的时间已超过 26 年。

正如书中将详细讨论的那样，要记住想要记住的信息，关键在于全面输出。在如此多样化、全方位的媒体平台上，拥有百万级别的媒体影响力，并且持续 20 多年发布信息的日本人，除了我之外再无他人。

作为一名精神科医生，同时也是网络输出的日本第一人，我基于最新的脑科学研究等理论支撑，著成此书。我期望通过此书，传递给你实现记忆力最大化的方法，并助力你实现工作能力的最大化。

我们即将迎来人工智能时代的全盛时期，如果能够掌握"全新的记忆活用方法"，就有可能以比别人快几倍的速度熟练工作，从而获得压倒性的个人成长速度。

无须死记硬背，也无须努力。对于记忆力不佳的人来说，效果尤为显著。

颠覆常识吧！实践此书中的内容，获得不用刻意记忆也能保留信息的"记忆脑"，改变自己的人生吧！

目　录

再版序

前　言

第 1 章　锻炼"记忆脑"的三大益处　　　　　　／001

"记忆脑"的三大益处与基本策略　　　　　　　　／002

记忆脑的益处❶ 防止大脑的衰退和痴呆症　　　　／003

记忆脑的益处❷ 成绩变好，通过考试　　　　　　／008

记忆脑的益处❸ 加速自我成长　　　　　　　　　／013

第 2 章　不需要死记硬背
**　　　　——精神科医生的"输出记忆术"**　　／023

用于输出的"书写记忆术"和"故事化记忆术"　　／024

书写记忆术❶ 相较于记住，更需要在解答上下功夫！
　　　　"问题集记忆术"　　　　　　　　　　　／026

书写记忆术❷ 写是基础
　　　　"写不停的记忆术"　　　　　　　　　　／028

书写记忆术❸ 在忘记之前记下笔记吧！
　　　　"不停记笔记的记忆术"　　　　　　　　／029

书写记忆术❹ 不遗失记忆的本体
　　　　"制作索引记忆术"　　　　　　　　　　／032

书写记忆术❺ 活用笔记本，让内容和感动更难忘
　　——"涂写记忆术"　　　　　　　　　　　　／ 037

书写记忆术❻ 加强刺激，记忆更深刻
　　——"写 + 记忆术"　　　　　　　　　　　／ 040

书写记忆术❼ 在满员公交车和地铁中也能轻松实践
　　——"影读记忆术"　　　　　　　　　　　　／ 042

利用成年人擅长的故事化记忆方式，避免死记硬背　／ 044

故事化记忆术❶ 能解释出原因就能记住
　　——"解释原因记忆术"　　　　　　　　　／ 047

故事化记忆术❷ 写短文故事化
　　——"5W1H 记忆术"　　　　　　　　　　／ 050

故事化记忆术❸ 经历之后，立即与他人分享你的感想
　　——"暂且先谈谈记忆术"　　　　　　　　／ 052

故事化记忆术❹ 教给别人后记忆超级深刻
　　——"家教记忆术"　　　　　　　　　　　／ 054

故事化记忆术❺ 组群互教互学来记忆
　　——"学习小组记忆术"　　　　　　　　　／ 055

故事化记忆术❻ 将味道和情感用语言表达出来更能留下记忆
　　——"语言化记忆术"　　　　　　　　　　／ 058

第 3 章　不依赖记忆力，实现成效最大化
　　——精神科医生的"记忆力外记忆术"　　／ 063

记忆力不提高也可以提升成绩 "提前准备记忆术"
　　与 "最佳表现记忆术"　　　　　　　　　／ 064

准备占记忆的九成
　　——"提前准备记忆术"　　　　　　　　　　/ 065

提前准备记忆术❶ 与背诵相比，优先理解
　　——"禁止死记硬背记忆术"　　　　　　　/ 066

提前准备记忆术❷ 首先俯览全局
　　——"富士山记忆术"　　　　　　　　　　/ 067

提前准备记忆术❸ 参加资格和认证考试的高效策略
　　——"对策讲座记忆术"　　　　　　　　　/ 071

提前准备记忆术❹ 整理就不会忘记
　　——"摘要笔记记忆术"　　　　　　　　　/ 074

提前准备记忆术❺ 掌握考试出题倾向，任何人都能正确答题
　　——"研究历年真题记忆术"　　　　　　　/ 076

提前准备记忆术❻ 只需写下来就能 100% 记忆
　　——"单词本记忆术"　　　　　　　　　　/ 082

调节大脑状态
　　——"最佳表现记忆术"　　　　　　　　　/ 086

睡觉即可促进记忆！
　　——"睡眠记忆术"　　　　　　　　　　　/ 087

强化记忆的睡眠法则❶ 巩固记忆至少需要六小时
　　的睡眠　　　　　　　　　　　　　　　　/ 088

强化记忆的睡眠法则❷ 严禁通宵和睡眠不足！　/ 089

强化记忆的睡眠法则❸ 记忆的黄金时间是睡前　/ 091

强化记忆的睡眠法则❹ 补觉也无法弥补睡眠不足　/ 094

强化记忆的睡眠法则❺ 即使小睡一会儿也有助于
　　记忆保持！ / 095

复习是记忆不可或缺的
　　——"学习计划记忆术" / 099

学习计划记忆术❶ 一周内复习三次
　　——"137 记忆术" / 101

学习计划记忆术❷ 不要集中记忆！
　　——"分散记忆术" / 102

学习计划记忆术❸ 用力过度会适得其反
　　——"休息日程表记忆术" / 104

第 4 章　情绪发生变动时，记忆也会强化
　　——精神科医生的"情绪操控记忆术" / 107

情绪的变动可强化记忆 / 108

情绪操控记忆术❶ 紧张不是敌人
　　——"适度紧张记忆术" / 110

情绪操控记忆术❷ 让逆境力量发挥作用！
　　——"火灾现场的蛮力记忆术" / 116

情绪操控记忆术❸ 计时器让工作能力提升
　　——"限时记忆术" / 118

情绪操控记忆术❹ 压力是记忆的劲敌！
　　——"零压力记忆术" / 120

情绪操控记忆术❺ 记忆讨厌一成不变
　　——"好奇心记忆术" / 123

情绪操控记忆术❻ 转移位置就能激活海马体
　　——"咖啡馆工作记忆术"　　　　　　　／ 125

情绪操控记忆术❼ 乐在其中时，记忆会变得更容易
　　——"快乐记忆术"　　　　　　　　　　／ 127

删除不幸的记忆，用幸福的记忆来覆盖
　　——"植入记忆术"　　　　　　　　　　／ 130

第 5 章　获得无限的记忆
　　——精神科医生的"社交记忆术"　　　／ 139

不要局限于大脑记忆，让记忆无限化
　　——"记忆外化策略"与"社交记忆术"　　／ 140

记忆外化策略❶ 优先记录自己的感悟！　　　　　／ 143

记忆外化策略❷ 只需记录，便可唤醒记忆　　　　／ 145

记忆外化策略❸ 不断地将想法和领悟外化，
　　一鼓作气地记住　　　　　　　　　　　／ 146

记忆外化策略❹ 将社交网络作为第二大脑　　　　／ 149

记忆外化策略❺ 如果不知道，就查一查吧　　　　／ 152

充分利用社交网络进行记忆和记录
　　——"社交记忆术"　　　　　　　　　　／ 157

社交记忆技术❶ 写日记是训练记忆力的好方法
　　——"日记记忆术"　　　　　　　　　　／ 158

社交记忆术❷ 社交网站是自动回顾装置
　　——"时间轴记忆术"　　　　　　　　　／ 161

社交记忆术❸ 开心和有趣会留下记忆

　　——"赞！记忆术"　　　　　　　　　 ／ 162

社交记忆术❹ 以输出为前提进行输入

　　——"被看见记忆术"　　　　　　　　 ／ 164

社交记忆术❺ 利用视觉信息记忆力超强

　　——"图像发布记忆术"　　　　　　　 ／ 167

社交记忆术❻ 减少输入的信息量

　　——"知识的图书馆记忆术"　　　　　 ／ 169

社交记忆术❼ 保持输入和输出之间的平衡

　　——"信息平衡记忆术"　　　　　　　 ／ 172

第 6 章　增加脑的工作区域 提升工作效率

**　　——精神科医生的"释放大脑内存工作术"** ／ 175

释放大脑内存，提升工作和学习效率

　　——"释放大脑内存工作术"　　　　　 ／ 176

实现大脑内存最大化的七条规则　　　　　 ／ 180

实现大脑内存最大化的七条规则❶ 不要一心多用　 ／ 181

实现大脑内存最大化的七条规则❷ 写下全部

　　心中所想　　　　　　　　　　　　　 ／ 184

实现大脑内存最大化的七条规则❸ 不要存储未完成

　　的任务　　　　　　　　　　　　　　 ／ 186

实现大脑内存最大化的七条规则❹ 运用"两分钟

　　法则"加快工作进度　　　　　　　　 ／ 188

实现大脑内存最大化的七条规则❺根据"30 秒规则"
做出决定 / 189

实现大脑内存最大化的七条规则❻ 办公桌整洁的人
工作能力更强 / 191

实现大脑内存最大化的七条规则❼ 时而"去智能
手机化" / 193

"待办事项清单"的四个超级用法 / 195

"待办事项清单"的超级用法 ❶把"待办事项清单"
写在纸上,放在办公桌的显眼位置 / 196

"待办事项清单"的超级用法❷"待办事项清单",
划掉比写下来更重要 / 198

"待办事项清单"的超级用法❸"待办事项清单"
助你进入绝对专注的状态(心流状态)?! / 200

"待办事项清单"的超级用法❹ 早上写
"待办事项清单" / 202

忘记是最强的工作术——"卸载输入术" / 204

卸载输入术❶"逆向蔡格尼克效应"消除记忆 / 205

卸载输入术❷ 写完就全部忘记也没关系! / 208

后　记 / 211
作者介绍 / 216

第 1 章
锻炼"记忆脑"的三大益处

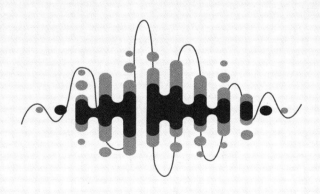

"记忆脑"的三大益处与基本策略

提升记忆力，加速个人成长

"不费吹灰之力就能记住，这真的可能吗？"

刚开始阅读这本书的你，心中或许会充满这样的疑问。

明明一直饱受背诵和记忆方面的困扰，但现在却说可以不费力气就能轻松愉快地记住。你一定对此半信半疑，真有这样的好事吗？

事实上，你的确可以轻轻松松地记忆。

不仅如此，践行本书中的方法，你将收获的不仅仅是与记忆有关的益处，如记忆力增强、考试及格，而且你的大脑本身也会被激活，学习和工作能力会大幅提高，个人成长也会显著加快。换句话说，这是一种训练"记忆脑"，提高人生质量的绝佳方法。

在了解具体的方法和诀窍之前,我们先来看看"记忆脑"能带来的三大益处,以及确保受益的基本策略。

记忆脑的益处 ❶
防止大脑的衰退和痴呆症

最近忘性很大……你是否有这样的烦恼呢?

你是否最近感觉忘性特别大,经常想不起来人名,或者"那个,那个"等指示性代词用得越来越多?你是否也觉察到自己有类似的症状,比如想不起来前几天读的书的书名,或者迷迷糊糊地忘记了重要的约定?

绝大部分的人都强烈地希望"防止记忆力的衰退",但是又会深感"随着年纪的增长,记忆力的衰退不可抵挡",而放弃这一希望。面对记忆力的衰退,大部分人都没有采取对策,而是任由其发展。

事实上,如果不经常使用大脑,其功能就会下降,记忆力也会退化,脑细胞也会死亡,大脑体积缩小,这就是所谓的"失用性萎缩"。

在核磁共振成像(MRI)的断层扫描上观察老年人的

大脑时，可以发现它们往往是萎缩的，而且随着年龄的增长，大脑每年都会萎缩一点。

听到这里，很多人可能会觉得，记忆力确实会随着年龄的增长而下降。然而，神经科学已经证明，简单地将衰老与记忆力衰退关联在一起是完全错误的！

即使上了年纪，大脑也能培养！

可能很多人都听说过"脑细胞从出生开始就在不断减少"或"每天都有 10 万个脑细胞损失，脑细胞不会生长"。当我还是一名医学生时，我就学习到"脑细胞既不会增殖，也不会再生"。

然而，最近的脑科学研究表明，这种说法是错误的。

英国伦敦大学的马奎尔教授研究了 16 位伦敦市出租车司机的大脑，发现他们的"海马体"体积比普通人大，而且出租车司机的驾龄越长，体积越大。拥有 30 年驾驶经验的司机，其海马体体积相较普通人大 3%。体积增加 3%，意味着神经元数量增加了 20%。

这些司机们必须记住伦敦市错综复杂的道路，每天都在训练自己的记忆力。其结果是他们的神经细胞增殖，海马体体积增大。

如果你日复一日地过着沉闷、缺乏刺激的生活,你的大脑就会衰退。随着年龄的增长,脑细胞会不断死亡。然而,通过训练大脑,你可以增加在记忆中发挥重要作用的"海马体"细胞的数量,甚至增加海马体的体积!

基本策略 1　训练脑,培养脑!——"40 岁以后的脑激活理论"

一般认为,成年后大脑便不再生长,只会因衰老而逐渐丧失功能。但如前所述,事实证明这种说法是错误的。

大脑的功能与神经细胞的数量并不成正比,而是与神经之间突触连接的数量密切相关。

神经组成神经网络,其连接点是突触。一个神经元通过数千个突触连接到另外的神经元,构成一个极其密集的网络。

事实上,40 岁甚至 50 岁以后,通过持续训练大脑,我们仍然可以增加突触连接的数量,进而提高记忆力。

大量研究和实验表明,衰老导致的记忆力衰退程度因人而异,有些老年人的记忆力并没有明显下降。

如果不采取任何措施,脑细胞就会随着年龄的增长而损失,大脑就会老化,记忆力下降的程度也会逐渐增加。

然而，通过善用大脑，增加神经细胞和突触连接的数量，我们完全有可能防止大脑老化、提高记忆力并使大脑永远保持活跃和生动。

利用最新的脑科学知识和信息，我们可以激活大脑、增强记忆力，使之比以前更强，这有助于预防脑力衰退和痴呆症。

基本策略 2　用"成年人的能力"一决胜负——"大局观活用理论"

很多人认为，随着年龄的增长，不仅体力会下降，大脑的大部分功能也会衰退，但这些想法是完全错误的。实际上，有些能力会随着年龄的增长而下降，而有些能力则会随着年龄的增长而发展。

日本将棋联盟主席羽生善治在他的著作《大局观》（角川书店）中写道："年轻棋手在体力和读招能力方面更胜一筹，但当他们使用'大局观'时，就会产生'为什么读不透招数'的心境。在将棋中，这种'大局观'会随着年龄的增长而变得更强、更先进。"

大局观是一种洞察全局的能力，是在经验积累中培养起来的。

一般来讲，记忆力和学习新事物的能力、注意力和专注力都会随着年龄的增长而下降。然而，纵观全局、把握全局、组织和重构思维等能力会随着年龄的增长而增强。

这是因为知识储备会随着年龄的增长而增加。我们可以将新信息与已有的知识储备进行比较，并利用我们的知识数据库做出更好的决策。特别是总结和整理能力、俯瞰全局的能力和关联能力等，这些能力会随年龄增长而显著增强。

当然，如果你过着没有任何特别的用脑活动的生活，你的记忆力和学习能力就会不断下降，无法与年轻人竞争。

然而，如果你要和年轻人竞争，你是要和他们擅长的记忆力去竞争，还是要用他们不擅长的总结和整理能力一决胜负呢？哪个更有利呢？

哪些成年人的能力会随着年龄的增长而发展，这一点尚未完全明了。显然，利用这些成年人的能力来补充随着年龄增长而下降的能力，甚至展示出超越年轻人的工作能力，是更为明智的选择。

这些关于成年人的能力的记忆技巧，尤其是"故事化记忆法"，将在第 2 章中做更详细的解释。

记忆脑的益处 ❷
成绩变好，通过考试

如果更聪明……你是否有这样的烦恼呢？

你是否想过，"如果我更聪明，我的人生就会不同""如果我成绩更好些，就能进入一流大学或一流公司"，或者"如果我的孩子更聪明，他们就能进入排名更靠前的学校"？尽管这对你本人来说可能为时已晚？

我们中的大多数人可能至少都有过一次这样的想法。

日本是一个重视考试的国家，从幼儿园和小学的"入学考试"开始，接着是初中、高中和大学入学考试，再到入职考试和国家公务员考试等。进入社会后，资格考试和晋升考试也接踵而至。可以毫不夸张地说，能否通过这些考试将在很大程度上决定你今后的人生轨迹。在日本，从一流学校毕业并在一流企业就职被视为社会性成功的标志，而记忆力则是突破考试难关的必要条件。

在日本，人们普遍认为成绩好等同于聪明，聪明人则等同于记忆力好的人。很多人认为聪明和记忆力是与生俱来的，自己如果是"天生的笨蛋"，就对此无能为力。人们常被这些固有观念所束缚，然而这种观念是完全错误的。

提前准备贡献记忆力的九成

许多自认为记忆力不佳或很笨的人，很可能是在记忆的准备阶段就做错了。

记忆的巩固过程可以分为四个步骤：理解、整理、记忆和重复。

越是记忆力差和成绩差的人越容易忽视记忆前的理解和整理过程。然而，理解和整理这两项前期准备工作其实比单纯的记忆过程更为重要。

人类的大脑很难忘记那些已经"理解"的事物。如果你对某件事情的理解达到了可以向他人清晰讲解的程度，那么你就能保持更长时间的记忆。

同样，当事物被"整理"并与其他事物相关联时，它们也更容易被记住。

对相似的信息和知识进行分类和整理，因为记忆对"链接"青睐有加，即使只是简单地将信息制成图表或表格，也会极大地促进记忆效果。

学习成绩好的孩子看起来记忆力很好，但实际上他们的理解和整理与总结能力比单纯的记忆力更为出色。可以说，考试成绩在记忆的前期阶段——理解和整理——就胜负已定了。

因此，即使记忆力不佳，也可以通过理解、整理和总结能力来弥补。

与记忆本身相比，在前期准备阶段——"理解"和"整理"上多花时间，即使是记忆力较差的人也能实现轻松记忆。

基本策略 1　不依赖记忆力——"记忆力代偿理论"

"我天生记性不好，所以成绩差也是没办法的事。"

别再给自己找这些愚蠢的借口了。这一假设具有双重错误。

首先，记忆力并不是与生俱来的，它可以在任何年龄段得到发展，不论是 20 岁，还是在 40 岁之后。

此外，记忆力并不是学校成绩（即考试）所需的唯一技能。仔细观察那些被认为聪明的学生就会发现，他们几乎无一例外地具有高度集中的注意力，能够总结和组织关键要点，并且思维敏捷。这些都是与记忆，尤其是长期记忆没有直接关系的能力。

换句话说，通过提高注意力和专注力、总结和整理能力以及使思维更敏捷，完全可以弥补记忆力差的问题。

在记忆力保持不变的情况下，通过以上的策略，既能保持记忆，又能提高考试和测验成绩。

这就是我们在本书中所说的"记忆力外记忆术"。

运用"记忆力外记忆术"，你就可以提高考试成绩，你无须依赖之前的记忆，这绝非痴人说梦。事实上，越聪明的学生越不依赖自己的记忆力。他们践行的是"记忆力外记忆术"，尤其是"提前准备记忆术"，也就是提前为考试做好万全的准备。关于"记忆力外记忆术"和"提前准备记忆术"，我们将在第 3 章中详细介绍。

基本策略 2　停止错误的记忆方法 ——"快速脑力 提升理论"

无论是备考生还是社会人士，那些不出成绩的人基本都践行了错误的记忆术和学习方法。

举个例子，最错误的学习方法就是"通宵达旦"，削减睡眠时间来学习。脑科学已经证明，记忆力需要保证六个小时以上的睡眠时间。因此，即使你在考试前通宵达旦地复习，考试一结束，你就会忘记所学的大部分内容。这意味着，即使你每次临近考试都拼命复习，也根本无法将这些知识积累成为自己真正掌握的内容。

此外，如果你减少睡眠，第二天的注意力和工作效率都会下降。在这种状态下参加考试，你甚至无法想起这几天来背诵的内容。

许多关于睡眠的研究表明，充足的睡眠比只睡四个小时更有利于集中注意力和提高记忆力。

只需停止"通宵学习"或"牺牲睡眠时间来学习"等明显降低大脑活跃度的错误学习方法，就能在短短几天内提高记忆效率和大脑表现，换句话说，就是提高"脑力"。

只需在考试前重新审视自己平时的学习习惯和时间使用方式，并练习使用脑科学的记忆技巧，就能显著提高大脑的工作效率，而无须仅仅依赖记忆力。

我们将在第 3 章中详细阐述这种"最佳表现记忆术"。

记忆脑的益处 ❸
加速自我成长

尽管学习了，但根本没有进步……你是否有这样的烦恼呢？

"读了一本书后马上忘记了，无法应用到工作中""即使参加了讲座或研讨会，也没有什么实际作用""即使参加了昂贵的课程，也没有什么改变"……是否有人抱有这样的烦恼呢？

有很多人可能都觉得，尽管自己读过很多书，参加过很多讲座和研讨会，但却丝毫感觉不到自己获得了成长。

几个月后，阅读过的书籍或参加过的研讨会的内容几乎完全忘记。人们可能因此认为自己记忆力差，掌握知识、获得成长如此困难。

但实际上，科学证明，这并不是因为你的记忆力差。人类的"出厂设置"就是会遗忘99%的输入信息。因此，如果你不采取对策，就会迅速遗忘。你的大脑其实是完全正常的。

人类的大脑会遗忘99％的输入信息

"为什么我的记性就像拿笊篱舀水一样，什么都记不住呢？"你是否也有这样的烦恼呢？其实不只是你，每个人都会这样。

例如，你还记得两年前的今天中午吃了什么吗？我想能记住的人不多。除非有特殊的插曲，比如有人给自己庆祝了生日等，否则忘记是十分正常的。

根据德国心理学家艾宾浩斯的一项实验，无关紧要的事情在短短一个月内就会遗忘掉79％。

人脑的设计是只记住"重要的事"，即忘记所有"不重要的事"。在我们每天接触的大量信息中，重要的信息可能连1％都不到。直截了当地说，大脑的设计就是会遗忘超过99％的输入信息，否则大脑就会瘫痪。

因此，为了保留记忆，你需要告诉大脑"输入的信息是重要的"。

大脑只有两个标准来判断某件事情是否重要：一个是"多次使用"，另一个是产生"情感感动"。

信息在大脑中名为海马体的记忆临时存储器中存储约

两周（最多四周）。在此期间，如果信息被反复访问，海马体就会认为该信息很重要，不应该被遗忘，并将其转移到颞叶，即长期记忆的储存库。

此外，伴随着强烈情绪变化的事件，如喜、怒、哀、乐等，我们也很难忘记。这是因为当情绪激动时，大脑会分泌能增强记忆的化学物质。如何控制情绪并记住目标的诀窍将在第 4 章中讲解。

让大脑知道信息"重要"的具体方法并不是在头上绑个头带，然后疯狂地死记硬背。我有更容易、更愉快的能记住的方法。

基本策略 1　不背诵，只是输出 ——"输出最强理论"

记忆即"记住"。大多数人都认为记忆与"输入"有关，认为这是一个将信息和知识"塞"进头脑的过程，需要付出艰苦的努力和巨大的脑力。

然而，只需"输出"信息而无须刻意背诵或记忆，信息就能自然而然地记忆下来。

输出指的是与人交谈或者写下来。

为什么输出会让人记忆深刻呢？因为输出是对输入信

息的使用。反复使用的信息会被海马体判定为重要信息，并保留在长期记忆中。因此，输出过程就是可以确保不遗忘的过程。

具体来说，在信息输入后的一周内，将该信息输出三次，你就会更容易记住它。

你不需要做输入（记忆），只需要输出就能保持记忆。输出是最强的记忆技巧。

输入是痛苦的，但输出是有趣的。"不记忆的记忆术"就是享受记忆的过程，不强迫自己记忆，也不费力去记忆。

基本策略 2　重复输入和输出——"螺旋阶梯式成长理论"

我开办了网络心理学校，这是一个利用互联网和社交媒体进行出版和品牌推广的学习小组。我创办这个小组已经 15 年了，迄今已有 2000 多人参加。

在与这 2000 多名学生的直接交谈和指导过程中，我有机会收集到了大量关于"成功人士"和"不成功人士"之间差异的数据。

那些"读了很多书，却没有学到什么的人""听了很多讲座和研讨会却没有实现个人成长的人"与"不容易成功的人"几乎具备相同的特点。

他们的共同点就是：输入和输出不平衡。直截了当地说就是输入多，输出少。

读书本身根本不会带来个人成长，哪怕你读了 100 本书。记忆的基本原理是，"你会忘记所有不用的信息"。你读了一本书后，如果不做任何输出，就会忘记 99% 的内容，这不会带来成长。

要实现个人成长，应该做些什么呢？首先，输入：获取信息，阅读书籍，聆听他人的话，参加讲座、研讨会等。这些都是输入。

输入之后，下一步必须要进行输出。输出意味着演讲、写作、教学、采取行动，换句话说就是付诸实践。然后，输出后你又要做输入，做完输入后再做输出……如此不断地重复输入和输出。这样你就可以像爬螺旋楼梯一样，攀登个人成长的阶梯。

输出即行动。微小的输出会逐渐改变你的行为和习惯。这些微小的变化积土成山，会累积成巨大的变化，最终带来巨大的成长。

输入和输出不断循环往复，以迅猛的速度获得成长。"螺旋阶梯式成长理论"是我在教导了 2000 人之后总结出的终极成功公式。

如果你的输出足够多，不仅能保留记忆，还会加速你的个人成长。我们将在第 1 章和第 2 章中详细介绍如何做到这一点。

基本策略 3　少记忆，多记录——"100%防止遗忘理论"

人类会遗忘99%的输入信息。

尽管输出更容易将输入的信息保留在长期记忆中，但即便如此，也无法全部保留下来。不过，有方法可以100%防止遗忘！

关于记忆的电影有很多，其中最杰出、最有趣的一部是克里斯托弗·诺兰（Christopher Nolan）导演的《记忆碎片》。

在这部电影中，主人公伦纳德的妻子被人谋杀。伦纳德开枪杀死了其中一名凶手，但却被凶手的一名同伴撞倒，创伤导致他患上逆行性失忆症（无法记忆接下来发生的事情），这种失忆症让他只能保持十分钟的记忆。

伦纳德开始寻找凶手，为妻子报仇。然而，他的记忆只能保持十分钟。那么，几乎失去记忆的主人公会怎么做呢？

"记录"。

伦纳德索性开始记笔记。他用宝丽来相机拍照,写笔记,甚至把重要的事实以文身的形式刻在身上……

最终,凶手会被找到吗?

失去记忆的主人公有一个最厉害的武器:记录。

写下来,也就是"记录"。通过回顾你所记录的内容,你就能回忆起它。

记录是防止遗忘的最大威慑。

记录的方式和媒介有很多,比如笔记本、记事本、便签和社交媒体等。接下来,我还会介绍我在实践中使用记录的各种有效方法。

基本策略 4 使用社交媒体——"因感谢而持续理论"

在信息输入后的一周内至少输出三次,这将大大有助于记忆。话虽如此,但将自己从书籍和电影中获得的感悟、印象和日常的体验记录在笔记本上是一件非常乏味的事情,很难保持积极性。而要长年累月地坚持下去,几乎是不可能的。

那么应该怎么做呢?

答案就是使用社交网络服务（SNS）。

在 X（原 Twitter）、Instagram 或博客上分享读过文章的感想、看过电影的观后感或日常观察和领悟。在社交网站和博客上发表这些内容后，我们会收获点赞和评论。每当看到"感谢您向我介绍了一本超级好书"这样的评论时，我们都会感到非常高兴，这也让我们更加有动力继续分享。

如果只是默默地输出，积极性很难持久。但是，如果充分利用社交网站，就可以在享受乐趣和获得感谢的同时进行输出。

在享受被欣赏和感谢的过程中进行输出，你就更容易"坚持下去"，而且不会感到吃力。关于"SNS 记忆术"的更多内容，将在第 3 章中进行详细介绍。

基本策略 5　释放"大脑的工作空间"，提升工作效率——"大脑内存释放理论"

在大脑中，存在一个被称为"工作记忆"的活动，在本书中也称之为"大脑内存"。大脑内存承担着思考、判断、记忆和学习等重要任务。然而，如果管理不当，它便会迅速超负荷，进而降低工作和学习的效率。

相反，如果你能让大脑内存保持正常运作，你的工作和学习效率将得到显著提升。

在第 3 章中，我们将深入探讨大脑内存的概念。在这一章中，你将学到如何释放大脑内存，以提高工作效率，进而加速个人成长。

第 6 章则将进一步介绍"大脑内存释放工作技巧"，通过运用这些技巧，你可以有效地释放"大脑内存"，提高工作效率，加速个人成长。

第 2 章
不需要死记硬背
——精神科医生的"输出记忆术"

用于输出的"书写记忆术"和"故事化记忆术"

对于记忆而言，输出比输入更重要

很多人认为，让大脑记忆事物的行为是对大脑的"输入"（input），即"记住""背诵""记忆"。

事实上，仅在输入上下功夫并不能提高记忆的效率。相反，若想增强记忆，就应该在输出上多做努力。

以下是一项来自美国普渡大学卡皮克博士的研究。在这项研究中，一组大学生被要求记忆 40 个斯瓦希里语单词，并在记忆时间结束后接受测试。学生们被分成两组，一组需要测试全部 40 个单词，另一组则只测试他们答错的单词。他们被要求重复背诵和测试，直到在确认测试中获得满分。一周后再对他们进行复测，看看他们的记忆保持情况。

结果显示，测试全部 40 个单词（全部输出）组的得分是只测试错词（部分输出）组的两倍多。研究还进一步考察了不同学习方法的效果，发现学习全部 40 个单词的小组与只学习错词的小组之间没有显著差异。换句话说，输入和学习方法的不同对记忆结果没有影响。

这项研究清晰地表明，对于记忆来说，输出比输入更重要。

大脑通过反复强调这是重要的知识，或在测验和考试中实际使用这些知识，来赋予其重要性。被视为重要的知识会从海马体转移到颞叶，进而成为长期记忆。相反，被视为不重要的知识则会被迅速遗忘。

为了记住这些知识，我们需要反复输出，并告诉大脑"这些信息很重要！"。

这是一种有效的告诉大脑"信息很重要"的方法。通过这样做，输出的信息就会被牢牢记住。这就是记忆的基本原理。

在本章中，我们将讲解两种主要的记忆技巧，它们有助于输出信息并将其保留在记忆中："书写记忆术"和"故事化记忆术"。

书写记忆术 ❶
相较于记住，更需要在解答上下功夫！——"问题集记忆术"

问题集与"记忆"紧密相连

上文关于斯瓦希里语的记忆实验表明，与在记忆上下功夫相比，解决问题更容易留下记忆。就学习而言，相较于不断重复阅读教科书和参考书，去解答问题集效果更好。

换句话说，不能只是一味地背诵，而是要真正使用和活用知识。简单地反复阅读进行背诵，当然对记忆是有效的。但是如果能够更进一步，在问题中实际使用，大脑会做出"这是重要的知识"的判断。

很多人可能会认为，去做问题集是检查你是否记住了的一种方式，但事实上，问题集本身就有助于记忆巩固。

尽管有些人可能认为应该在理解和记忆的基础上不断进步，在能力达到一定程度后再去做题，但最好的方式还是一边理解和记忆，一边做题。

将问题集变成游戏的方法 ——"对战成绩记忆术"

我在做题时，总是会为每道题给出一个"对战得分"，例如"×，×，√，√"。通过观察这个得分情况可以发现，在第一次和第二次尝试中回答错误，但在第三次和第四次尝试中回答正确。通过得分记录，我可以看到自己对每道题的掌握程度，而且这样很有趣，就像在玩游戏一样。

如果最后一局的结果是四连胜，说明已经基本掌握并记住了。

设定目标，也能增强学习动力。比如"今天的目标是努力记住掌握这一页，直到把所有的得分都变成√"。

"乐趣"泛指喜怒哀乐等情绪刺激因子。如前所述，喜、怒、哀、乐的情绪会促进大脑释放增强记忆的物质。换句话说，感受到"乐趣"也会让记忆变得更容易。

因此，"游戏化"可以增强记忆效果。

书写记忆术 ❷
写是基础 ——"写不停的记忆术"

写，即是记忆

在公交车和地铁上，经常能看到高中生在一本用标记笔涂得鲜红的课本上，用绿色的便笺纸，拼命努力地检查背诵的要点。红色的部分是需要重点记忆的内容，用绿色的便笺纸覆盖住红色部分，这样就看不见相应的内容了，于是教科书立刻就变身为一个问题本。

在公交车和地铁上复习时，你会自然而然地在脑海中核对答案，这也是没有办法的事情。但在家复习时，一定要动笔，否则就会失去效果。

书写意味着要使用运动神经，也就是活动手部和手指的肌肉。这意味着，存在于大脑中的数据已经开始对行为产生影响。

大脑会如何判断哪种数据更重要呢？是不影响行为的数据，还是影响行为的数据？毫无疑问，大脑会认为影响行为的数据更重要。

输出本身就意味着影响了行为，输出的内容会被记住。书写这一运动伴随着输出，比单纯的脑中背诵有效得多。

如果你想记住一件事，就把它写下来，不停地写，写个不停。你甚至可以认为书写本身就是记忆。

书写记忆术 ❸
在忘记之前记下笔记吧！—— "不停记笔记的记忆术"

记笔记会更不容易忘记的三个理由

"我最近忘性越来越大，会不会是老年痴呆症呢?"这是精神科常见的咨询之一。如果是轻度痴呆症，即使进行了全面的痴呆症检查，有时也很难诊断出来。

在这种情况下，我会嘱咐病人: "你可以把所有事情都记下来，这可以防止健忘。"一个月后，当我询问患者的情况时，那些回答说"多亏了这些笔记，我的健忘症状减轻了很多"的患者，很有可能并没有患痴呆症。

记笔记可以减少健忘。即使是记忆力衰退的老年人，也可以借此来防止遗忘。可想而知，如果没有痴呆症的人也能充分利用记笔记的好处，那就会收获更好的记忆效果。

在我的上一本书《阅读脑》中，我也倡导过：在读书时，大胆地在书的空白处写下自己的读书笔记吧！当你真正尝试之后，你就会明白我的意思，你会切身感受到书中的内容变得难以忘记了！

为什么做笔记后更不容易忘记呢？可能有以下三个原因：

（1）做笔记相当于复习了一次。

（2）做笔记也是一种输出，可以刺激运动神经，加强记忆。

（3）笔记建立了"记忆的索引"。

为什么记笔记会使遗忘变得更难呢？

这是因为记笔记本身就是一种输出，相当于一次复习。在笔记本或计划表上做笔记，可以过后回顾这些内容。每当你打开这些笔记时，都是一次对过去所写内容的回顾和审视，相当于又一次复习。

有些信息可能听了一遍后很快就忘记了，但是如果写下来，你就有机会多次接触这些信息。

有一条记忆定律说"每周复习三次，就不会忘记"。只要写下来，就相当于复习了一次。

只要写下来，就足以帮助你记住它。写下任何你不想忘记的信息。希望你能养成这样做的习惯。

纸还是电子？哪种媒介记笔记最有效？

纸还是电子？关于用何种媒介做笔记最有效的争论从未停歇。在我看来，无论是纸质笔记还是电子笔记，只要满足"随身携带，随时可写"的条件，都是不错的选择。如果你一直带着手机，也可以在手机上记笔记。

我个人习惯在笔记本电脑上使用"便签"应用程序来记笔记，因为工作时我基本上总是面对着笔记本电脑。这个"便签"应用程序，为我的电脑桌面提供了一个类似传统便签的空间，让我可以随意书写、擦除或删除内容。

每当我想要记笔记时，只需打开电脑桌面，一秒钟就能启动"便签"应用程序，特别方便。

为了避免分散注意力，我通常只在桌面右上角贴一张便签，并把所有笔记都写在这一张便签上。

每次打开电脑桌面，我都能自然而然地看到"便签"中的笔记。这样做不仅能起到温故知新的作用，还能让笔记内容自然而然地印在我的记忆中。

有时间的时候，我会整理这些"便签"，删掉已完成的项目。对于想要长期保存的内容，我会进行分类，然后将其复制并粘贴到一个单独的文件中，或誊写到纸质笔记本上。

这一回顾和整理笔记的过程非常重要。**留出时间，瞬间闪现的灵感可能会变成成熟而宝贵的想法。**

至于纸质便签，我通常只用来记录今天之内需要处理的事情。我会把它们贴在办公桌前，尽量在一天结束前处理完，然后撕掉扔进垃圾桶。

如果纸质便签开始不断堆积，张贴的数量越来越多，我的注意力就可能会随之分散，工作效率也会下降。因此，当我有需要数日才能完成的项目或需要在几天后确认的想法等时，我会尽量选择在电子便签上记录。

书写记忆术 ❹
不遗失记忆的本体 —— "制作索引记忆术"

记忆的索引和记忆的本体

在这里，我们将探讨记笔记更不容易忘记的第三个原因，即记忆索引效应。

老实说，我经常忘记病人的名字。然而，当病人走进诊室时，我无须翻阅病历，就能回忆起病人的姓名、最近的病情，甚至目前所服用的药物及其剂量。

你可能会觉得，能记住病人的名字，甚至能记住他们开了多少克药，这似乎很奇怪。但实际上，这正是记忆定律的体现。

记忆可以分为记忆的索引和记忆的本体。以上面的病人信息为例，病人的名字就是记忆的索引，而记忆的本体则包括病人的病历和处方史。

记忆的本体通常不容易遗失，但是记忆的索引则很容易随着年龄的增长而丢失。

想不起别人的名字，正是例证。上周遇到的 A 先生，我记得他的面容，记得他的职业，甚至记得我们之间的对话内容。但我就是无法回想起他的名字。

记忆有很多种分类方法，其中一种是将其分为语义记忆和情景记忆。语义记忆涉及对信息和知识的记忆，而情景记忆则与事件、经历、体验和回忆有关。**语义记忆难记易忘，而情景记忆易记难忘。**

患者的名字属于易忘的语义记忆，而患者说过的话语内容则属于不易忘记的情景记忆。相信现在你一定理解我为什么会容易忘记病人的名字，却能记住他们的症状和所服用的药物了吧。

索引建立得好，回想起来就会很简单

记忆的索引属于语义记忆，而记忆的本体则属于情景记忆。语义记忆容易遗忘，而情景记忆则难以忘记。那么，我们该怎么做才能避免遗忘呢？

关于记忆的本体，即使不去死记硬背，也会保留下记忆，因此我们最应该加强的是记忆索引。如果建立好记忆索引，你就能快速、轻松地回忆起与记忆索引紧密相连的记忆的本体。

建立记忆索引的方法正是书写和输出，这一点在本章中已经反复讨论过。

例如，写下"5 月 5 日，下午 7 点与 A 共进晚餐"这一行笔记，A 的名字就会在你的记忆中留下更深刻的印象。或者，在社交媒体上发布你与 A 见面时的合照。这样，你就会对 A 的长相和名字记忆深刻，从而更难忘记。

记笔记其实就是强化记忆索引的印象，记住记忆索引。

备忘录中只要有几个提示和关键词连接了记忆的本体，就应该能据此回忆起记忆的本体的细节。

例如，在笔记上简单记下"5 月 18 日，下午 3 点与 B 见面洽谈"，你就应该能立刻想起 B 是谁，会面的内容是什么。

就像这样，在记事本、日记本、笔记本、便签和书的空白处等各种地方留下可用作记忆索引的关键词，就能加深记忆索引的印象。这样可以说成功创造了易于导出记忆的本体，容易唤起记忆的环境。

"制作索引记忆术"基本等同于"写不停的记忆术"。做可能成为"记忆的索引"的笔记吧！如果忘掉了很麻烦，所以要做出记忆的索引。如果有意识地去这样做，就能留下深刻的记忆。

"制作索引记忆术"很有希望成为积极预防健忘和马虎的良方。

痴呆症与正常老化的简单区分方法

上文中我们谈到记忆有记忆的索引和记忆的本体之分。了解了这一点，即使你不是真正的精神病学家，也能较为准确地区分痴呆症和适龄遗忘。

例如，如果有人突然问"你昨天中午吃了什么"，你可能会一下子想不起来。但是如果此时得到一些提示，比如"你是不是在附近的快餐餐厅吃的？"你可能会回想起来："没错没错，我昨天中午吃了生姜丝炒肉套餐。"即使万一还是想不起来，当别人进一步说"你有没有吃生姜丝炒肉套餐呢"的时候，你也应该能想起："对，对，我吃的就是生姜丝炒肉套餐。"

如果你明明吃了生姜丝炒肉套餐，但这时还是说："哦，不，我不记得吃过了。"那么就很有可能是痴呆症。这是因为你的记忆的本体已经丢失。

昨天的午餐与生姜丝炒肉套餐，实际上是一种记忆组合，即记忆的索引和记忆的本体。在正常衰老或适龄衰老过程中，记忆的索引与记忆的本体之间的联系会受损，但记忆的本体本身并没有受损。因此，当你从别人那里听说时，你能记得并确认："哦，是的，没错。"

而痴呆症丧失的是记忆的本体，也就是完全失去了对整个情境的记忆。

人们通常把无法检索记忆称为遗忘，但这仅仅指的是用记忆索引检索记忆的本体的功能受损，而记忆的本体本身并没有丢失。

如果你发现家人出现了记忆的本体不断丢失的症状，建议立即咨询精神科医生，因为这很有可能就是痴呆症（病理性记忆障碍）的表现。

书写记忆术 ❺
活用笔记本，让内容和感动更难忘 ——"涂写记忆术"

记得住若干年前看过的电影的缘由

我能非常详尽地记住若干年前看过的电影的内容，甚至台词。你一定会好奇，我是如何做到的呢？其实是因为我每次看过电影后，一定会把感想和影评发布在社交媒体上。

但在投稿到社交媒体之前，还有一个更加重要的输出过程，那就是在笔记本上涂写。

在看过电影之后，我会立刻将头脑中浮现出来的一切全部涂写在笔记本上，包括电影带来的印象、觉察、感动，以及那些在心中挥之不去的台词和产生共鸣的主题等。我将此过程称为"涂写记忆术"。

关键在于趁着还没有忘记，将想到的全部内容以文字的形式记录下来。与字迹的美观相比，我更注重速度。

我不会把全部电影都涂写下来，但如果是那些让我感到"这部电影太棒了！""太感动了！""我一定要写下影评，向更多的人传递这部电影的精彩之处！"的内容，那我一定会涂写下来。有时候我甚至会从电影院一出来，就坐在大厅的椅子上开始涂写。还有的时候，我会在回家的路上涂写。

有一个很有趣的发现，当我涂写一部两个小时时长的电影时，大部分情况下两页 A4 纸就足够了。我使用的是 A4 大小的笔记本，翻开后左右两页正正好好是一部电影的涂写量。也许这恰好是大脑从两个小时的电影中所获取的信息量的界限。

输出的最佳时机是"事后马上"——"完整体验记忆术"

德国心理学家艾宾浩斯曾做过一个关于记忆的实验，实验证明，记忆在 20 分钟之后会忘记 42%，1 个小时之后会忘记 56%，而一天后则会忘记 74%。

记忆，随着时间的推移被不断忘却。

预防的方法就是复习。

刚刚看完电影的时候，是对电影的信息记忆最多的时刻。因此，在电影刚结束的时候，尽可能以最快的速度记下笔记（复习）尤为重要。

在观影结束后立刻记录，可以实现体验的"零忘却"，得以完整地记忆下来。

偶尔我也会因为有其他的安排，无法在观影后马上涂写，而是要间隔一晚上的时间。这时就会发现能回忆起的信息不到一半了，除了超级经典台词和特别短的台词，其他台词很难正确回忆起来。

通过涂写，将当时心中独有的原始情感转化为文字。如果方法得当，即使过了半年，甚至一年，只要回过头来看一下这些涂写，就能在短短 30 秒钟内立即"回忆起"故事和其他细节，以及影片带来的感动。

除非你把从文字以外的来源获得的感动以及内容和感悟写下来，否则你会忘记其中的大部分。

涂写会源源不断地积累。即使日后临时接到电影相关的工作邀约，只要回顾一下涂写，就能轻松地写出一篇影评或评论。

换句话说，涂写这一输出会原封不动地成为你的知识

财产。这些涂写成了自己记忆的一部分，是不可替代的知识财产积累。

就这样，在体验之后立即进行输出，10 部、50 部、100 部电影之后，你将极大地提高鉴赏电影和阅读电影细节的能力。与此同时还能训练你的记忆力，因为你在看完电影后必须立即努力回想。

在训练记忆力和积累知识财产的同时，实现个人的迅猛成长——这就是"涂写记忆术"。

当然，这种方法并不局限于电影。你也可以用这种方法来记忆你在网上观看的视频、动画、戏剧、话剧、音乐会、歌剧、演讲、活动、旅行等，只要你觉得"我被感动了！"，请立即将脑海中的画面涂写成文字信息，就像拍照一样。

书写记忆术 ❻
加强刺激，记忆更深刻 ——"写 + 记忆术"

写之外读出声，记忆更深刻

我们常说，在背诵时，综合使用五种感官效果更佳。

这一观点最早可追溯至古希腊哲学家亚里士多德。早在公元前 4 世纪，亚里士多德就已经指出，五种感官与记忆之间存在着深刻的联系。

仅靠默读很难记住一本参考书的内容。然而，如果你大声朗读并动手反复写下来，就更容易记住。

在写的基础上，出声读无疑是锦上添花，可以进一步强化记忆。

为什么朗读记忆的效果更好呢？因为朗读的声音，也就是你自己的声音，是通过耳朵传入大脑的。这个过程可以促进听觉和视觉的双重记忆。

日本东北大学的川岛龙太教授是一位著名的大脑训练专家，他特别强调了朗读对大脑的训练效果。研究表明，朗读文章能够激活左右大脑半球的许多区域，包括前额叶皮层。

出声朗读意味着要活动下巴、舌头和嘴唇等肌肉。为此，运动神经会将刺激传递给这些肌肉。同样地，在书写时，手指和手部的肌肉也会受到运动神经的刺激。当大脑的多个部分都得到利用时，大脑会更加活跃，因此更容易记忆。

大脑的运动皮层并不是简单地在脑海中想象事物就能

激活的。像书写、说话这样实际活动肌肉的行为，会对大脑产生更广泛、更深刻的刺激。

书写记忆术 ❼
在满员公交车和地铁中也能轻松实践 ——"影读记忆术"

随时随地都能实现高效记忆

综合书写和出声朗读，记忆往往更为深刻。

我仿佛听见有人说："这不是理所当然的吗？""谁都是这样做的吧！"

确实，出声朗读是理所当然的。但请问，在满员的公交车和地铁里，你也会毫不顾忌地出声朗读吗？

恐怕不会吧！但是，我实际上就是这么做的。

当然，在满员的公交车和地铁中大声读参考书，确实会给周围的乘客带来困扰。而我所实践的，其实是"影读"。

在拳击练习中，有一种方法是针对想象中的对手进行个人练习。练习者会想象实际的对手，不断重复练习朝对方出拳或者躲避对方的攻击。

"影读"是一种不用大声说话,而是像大声说话一样活动嘴部来记忆的方法。另外,你也可以用很低的声音来背诵,那种别人几乎听不到的声音。

这种方法是一边背诵,一边用极低的音量朗读,让别人几乎听不到你的声音。

虽然实际上并没有发出声音,但却活动了实际发声时用到的肌肉,因此大脑的运动皮层(即大脑中控制运动的部分)被激活了。虽然听觉皮层没有受到直接刺激,但它能产生与朗读类似的效果。

我每个月都要举办几次讲座和研讨会。在去会场的路上,我总是检查活动当天会用到的所有幻灯片的内容。在检查幻灯片的同时,我还会进行"影读",排练演讲内容。

通常在公交车和地铁上需要花费至少 30 分钟的时间,这足够我把当天的演讲稿过一遍。通过"影读",不管是两个小时还是三个小时的演讲,我都可以从头到尾在头脑中过一遍。这样,当我上台时,话语就会自然地从口中流淌出来。

正如前文中提到的,我们经常看到学生在公交车和地铁上学习时，遮盖住标得鲜红的课本，他们可能是在大脑中复习被遮盖住的部分。本来在复习时应该不只是在脑中回想，还应该用笔书写，但是这在公交车和地铁上很难做到。这个时候，正是"影子书写"登场的时候。

你不需要实际拿起笔来书写，而是可以用手指代替笔来写。这与书写一样会刺激大脑的运动皮层，效果与书写相似。

如果只是在脑中回忆，复习的效果往往很弱。尽可能多地朗读，在无法朗读的情况下，使用"影读"或"影子书写"，并注意活动身体的输出，将大大提高复习和记忆的效率。

利用成年人擅长的故事化记忆方式，避免死记硬背

跟《孙子兵法》学习记忆术

中国的兵法书《孙子兵法》中有这样的名言：

知彼知己，百战不殆。

意思是说，了解敌人也了解自己，即使对战百次也不

会失败。说得更详细一点，就是"如果你了解敌人的兵力和实力，兵力凌驾于敌人之上，在比敌人更有利的位置上作战，你就会百战百胜"。换言之，如果能在战前深入研究对手，创造出压倒性的优势局面，那么胜负在战前就已决定。反之，如果你的形势不如对手，那就不要打。

现在，如果将《孙子兵法》中的策略应用于记忆术，会发生什么情况呢？

记忆力，尤其是死记硬背的能力，会随着年龄的增长而衰退。试图在记忆力方面与年轻人竞争，就好比是以比对手更少的兵力和更弱的军事装备冲入敌营。这与《孙子兵法》的教导恰恰相反，无疑是一种失败的策略。

如果让背诵和记忆能力正盛的年轻人和四五十岁的中老年人进行单纯的背诵比赛，谁会赢是显而易见的。

那么，中老年人比年轻人更具优势的能力是什么呢？那就是讲故事的能力。

他们可以充分利用自己多年来积累的、压倒性的知识和经验，以相关的方式进行记忆。利用情景记忆的"故事化记忆法"，与记忆力正强、善于记忆的年轻人相较量，同样可以做到百战不殆。

语义记忆易忘，情景记忆难忘

我们之前提到过，记忆可以分为两种类型：语义记忆和情景记忆。

语义记忆涉及信息或知识，它通常需要死记硬背，比如记忆英语词汇或九九乘法表。儿童在语义记忆方面表现出色，他们的大脑像海绵一样，能够迅速吸收并记忆各种信息，哪怕这些信息之间并没有明显的相关性。背诵九九乘法表就是一个很好的例证，这也解释了为什么幼儿学习语言的能力非同一般。

儿童的大脑在语义记忆方面具有压倒性优势。然而语义记忆在小学阶段达到顶峰后，随着大脑系统的逐渐完善，成年后则会逐渐衰退。

与此相对，有一种记忆不容易随着年龄的增长而衰退，事实上还可以通过恰当的使用方式而得到增强。这就是情景记忆。情景记忆是对事件、经历、体验和回忆的记忆。

随着年龄的增长，我们可能会发现，自己在背诵和长时间集中注意力方面的能力有所下降。但另一方面，我们全面审视事物、总结、联系、比较、发现异同以及综合的能力却在不断提高。

在记忆力方面，情景记忆的联想记忆能力也在不断发展。

通常来讲，那些需要死记硬背的无关现象和事件，可以通过与我们的知识、经历和经验联系起来，变成一个个生动有趣的故事。这样，记忆起来就容易多了。

语义记忆难记易忘，情景记忆易记难忘。

儿童擅长语义记忆，成人擅长情景记忆。

这就是记忆的基本原理。

那么，你更愿意用哪种"武器"来作战呢？语义记忆还是情景记忆？

我想现在，你应该已经有答案了。

那么，究竟该如何有效地利用情景记忆呢？

下面，我将向你介绍"故事化记忆术"，它可以通过讲故事和联想的方式，来帮助你显著提高记忆力。

故事化记忆术 ❶
能解释出原因就能记住 ——"解释原因记忆术"

将语义记忆转换为情景记忆

语义记忆和情景记忆两者之间的最大区别是什么？

语义记忆是对无关联的事项和事件的记忆，而情景记忆则是对与人、地点或时间有关联的事件的记忆。换句话说，如果能增加记忆内容之间的相关性，就能把语义记忆变成情景记忆。

在本书中，我们将这种转换方法称为"故事化"。

那么，我们如何将零散的知识和字符串变成故事呢？

最简单的故事化方法就是解释原因。"有理由"意味着"存在因果关系"，这表示记忆的内容之间存在着深刻的关联。

现在，换个话题，请说出求三角形面积的公式。

底×高÷2，没错吧。

我想几乎每个人都知道这一公式，因为我们在小学数学课上学过。

"底×高÷2"，这只是一串字符的罗列。如果想记住它，就必须像念咒语一样一遍又一遍地重复，直到它烙印在你的脑海里。因为它是由无意义的字母串和事件片段组成的记忆，所以被处理为语义记忆。这样的记忆很难记住，又很容易忘记。

现在，你能解释为什么三角形的面积可以用公式

"底 × 高 ÷ 2"求出来吗?

首先,在纸上画一个三角形。以三角形的一边为底,过顶点画一个长方形。然后,从三角形的顶点画一条与底边垂直的线。这样,三角形被分成两部分,两个与分割后的三角形相对称的图形出现在长方形中。也就是说,在长方形内收纳了两个完全相同的三角形。由此可以得出,三角形的面积是长方形面积的一半,即三角形的面积等于"底 × 高 ÷ 2"。

如果你能这样解释求三角形面积的公式,说明你已经深刻理解了该公式的含义,领悟了"底 × 高 ÷ 2"背后的原理。

这样,当你能够向他人解释理由和原因时,记忆就不仅仅是一连串毫不相干的词语或事件片段,而是以情景的形式储存在大脑中。

记忆需要理解,理解是解释的关键。在记忆公式时,仅仅记住公式是不够的,还需要理解并能正确解释。

不仅是公式,规章制度、手册等也是一样。应该多问问自己"为什么会这样?",之后自己试着回答。

要强迫记忆一些没有理由的事情,大脑会反抗,就不容易记住。

理解并能解释原因，可以实现故事化。你不必刻意去记，自然而然就能记住。

故事化记忆术 ❷
写短文故事化——"5W1H 记忆术"

使用"5W1H"在社交网络输出

说到故事化，也就是创作故事，很多人可能会想："我又不是作家，对我来说难度太大了。"

事实上，这并不难。故事的必要元素是"5W1H"：何时（When）、何地（Where）、何人（Who）、何事（What）、为何（Why）、如何（How）。即使只包含了其中的一部分元素，也可以构成一个精彩的故事。

例如，"富士山麓鹦鹉啼"。在这个故事中，一只鹦鹉（Who）在富士山脚下（Where）唱歌（What）。这个短句包含了 5W1H 中的三个要素，形成了一个简单的故事。

您可以写一篇短文，介绍今天发生的事情、学到的知识等，并将其发布到社交网站上。既然是文章，就会包含

5W1H 这六要素中的多种元素，具备完整的故事框架。

在社交网站上发布的文章是很难忘记的。原因有很多，但最重要原因是：通过组合成一篇文章，就形成了一个故事。

"昨天，我参加了在东阳町举办的威士忌活动。入场费是 5000 日元，可以免费试饮 200 多种威士忌，不参加真是损失。顺便说一下，我尝了 80 种威士忌（笑）。不过，别担心，我是在七个小时内慢慢喝的。我再次意识到威士忌是一门非常深奥的学问。"

这篇短文中，包含了何时、何地、何人、何事、为何以及如何完成，也就是包含了"5W1H"全部六个要素。

这样的一个小故事，如果配上照片发布在社交网站上，就会让人记忆深刻。

此外，在社交网站上发布信息正是一种输出。正如我们一再强调的，输出会强化记忆。

任何信息、知识、经验或经历都可以总结成一个包含 5W1H 的故事然后输出。通过故事化，即可将其保留在记忆中。这就是"5W1H 记忆术"。

这是一种超棒的记忆术，你今天就可以开始使用，而且用途广泛！

故事化记忆术 ❸
经历之后，立即与他人分享你的感想 ——"暂且先谈谈记忆术"

只需将你的想法告知他人，就实现了故事化

阅读完一本书后，马上就会忘记书中的内容。我的前作《读书脑》正是为有此困扰的人所写。在那本书中，我介绍了很多增强记忆的方法，其中最简单的且任何人都能从今天开始实践的一点，就是读完一本书后，先与他人谈论这本书。无论是朋友、家人、同事还是下属，与任何人都可以。

你可以说："昨天我读了一本书，名叫《＿＿＿＿＿》，我觉得书中的内容非常有用，比如……"你可以分享对这本书的看法、书中的内容、你注意到的细节、脑海中挥之不去的段落等。不管是什么都可以，关键是要与人谈论。

你可能会想："就这么简单，我就能记住不忘吗？"实际上，效果确实显著。为什么仅仅谈论内容就能帮助你记住它呢？在《读书脑》中，我建议读完一本书后的一周之内，要进行三次输出，其中一次就是"先聊聊"。除此之外，还隐藏着另一个重要原因。

那就是故事化。与人交谈，这是你的经历，这就是现实。

"10 月 3 日，我和同事 A 聊了《记忆脑》的感想"这一现实，作为情景记忆存储在大脑中。

与他人交谈，不同于在脑海中的重复，它是一种"经历"。因此，即使是这样简单的行为，也可以实现故事化，使内容更容易被记住，并在记忆中保存更长的时间。

当你读完一本书时，先与他人聊聊你对这本书的看法。如果你这样做了，你会发现书中的内容更难忘记了。如果在电视或报纸上看到有趣的新闻，不妨先跟大家说说。这样，这条新闻就更难忘记了。品尝到美味的食物时，先与他人分享一下。这会加深你对"美味"的记忆，使你更容易记住这家餐厅。

不管你经历了什么，暂且先与他人谈谈你的想法。这是一个非常简单的输出行为。

这一行为虽然简单，但当你与他人交谈的那一刻，零碎的信息即语义记忆，就会变成一个故事，并通过用语言的讲述演变成情景记忆。这对记忆的影响是巨大的。

故事化记忆术 ❹
教给别人后记忆超级深刻 —— "家教记忆术"

一石四鸟的超级记忆术?

我经常坐在咖啡馆工作。现在,有些咖啡馆的氛围类似于学生的自习室,有学生独自静心学习,也有朋友间相互教授学习。互教互学确实是学习和记忆的绝佳方法。

你阅读课本,解答习题并正确作答。"现在,我已经记住了!"你可能会这么想。但当朋友问你"为什么"时,你可能会觉得难以解释。

如果你无法解释原因,那就说明你只是死记硬背,停留在语义记忆的水准。这样的记忆很容易遗忘,很快就会消失。

能用简单易懂的语言解释给别人,说明你脑中已经充分实现了故事化。这证明语义记忆已经转化为情景记忆,并牢牢地印在脑海中。

如果你能向别人解释一件事,并让对方理解,这就意味着你自己已经百分之百地掌握并理解了这件事。换句话说,"教别人"是判断你是否真正理解的试金石。如果你无法向别人解释清楚一件事,说明你理解得还不够透彻,意味着你需要重温基础知识。

此外，当你向他人说明时，你会发现自己的思维变得更加有条理。正如心理咨询中的情况一样，通过自己用语言表达出来，混乱的思维可以得到整理，有时候甚至自己就能解决问题。

"说"作为一种输出方式，对整理大脑中的思维有着巨大的作用。

记忆的巩固有四个步骤：理解、整理、记忆和重复。

在记忆之前，你需要理解和整理。"讲给别人"这一步骤同时完成了理解和整理。同时，向他人讲解也是"复习"和"重复知识"的一种方式。换句话说，给别人讲解涉及了记忆的所有步骤。

"家教记忆术"实现了故事化、理解程度的检查、知识的整理、复习和重复，可谓是一石四鸟的超级记忆术。

故事化记忆术 ❺
组群互教互学来记忆 ——"学习小组记忆术"

国家执业医师考试合格率全国第四的超级记忆术

无须赘言，考试中记忆力是一定会被考验到的。据说，除了律师资格考试之外，国家执业医师考试也是日本很难的国家考试。是否存在一种万能的记忆诀窍，能帮助考生以极高的通过率通过国家执业医师考试呢？如果存在的话，你是否想要了解它呢？

我毕业的札幌医科大学，在我就读时是全国执业医师考试通过率前三的学校。虽然近年来它的排名似乎有所下降，但 1996 年至 2013 年这 18 年间的总通过率排名，它仍然位居全国第四。

这是一个很厉害的通过率，因为它是日本全部 80 所医学院中最高的。在入学时，偏差值分数比札幌医科大学高的学校比比皆是，但它为何仍能保持日本全国考试通过率名列前茅呢？

秘密武器就是"国家考试学习小组"。大学五年级的下半学期，4～6 名要好的朋友和伙伴会聚在一起，组成一个国家执业医师考试学习小组。学习小组每周会举行 2～3 次的小组学习会，每次时长为 2～3 个小时。

在学习小组中，大家会聚在一起共同研讨历年考试真题。我所在的小组有 5 个人，我们会事先每人分配 5 道题，并在其他成员面前讲解如何解题和如何思考。

国家执业医师资格考试中有关于病症的问题，这要求考生能够读懂检测数据，全面理解临床所见。也就是说，要想通过考试，光靠死记硬背课本是绝对不够的。考生不仅需要记忆力，还需要具备根据医学知识进行思考的能力。

在准备分配给各自的题目时，我们需要提前预习，并且能够清晰地讲解，以便其他人能够理解。换句话说，大家互为家教，互相辅导，这就是"国家考试学习小组"的运作方式。

这种非常合理的制度在我入学之前 33 年就已经存在，并一直延续至今，可以说是札幌医科大学的秘密传统武器。

实验证明，教学可以强化记忆。

华盛顿大学曾进行过一项有趣的研究。实验对象被分为两组，一组被告知将对他们记忆的信息进行测试，另一组被告知必须将记忆的信息传递给另一个人。实际上，两组人都只测试了他们所记忆的信息，并没有转达给其他人。然而，结果显示，认为要"教其他人"的被测试者在测试中表现更好。

只要以"教别人"这一输出为前提来学习，就能大大提高学习效率。

这就是一个很好的例子，说明准备国家考试、资格考试或证书考试时，最好由几个人组成一个学习小组，以互教互学的形式一起学习，这样会收获特别好的记忆效果。

故事化记忆术 ❻
将味道和情感用语言表达出来更能留下记忆 —— "语言化记忆术"

记住 200 多家餐厅的 10 多年来咖喱味道的方法

说出来你可能不相信，10 多年来，在 200 多家餐厅吃过的咖喱的味道，我都记得清清楚楚。其中一些餐厅一直经营至今，我甚至能品尝出来味道是否发生了变化，如果发生了变化，又是如何变化的。

大多数人会认为，要记住 10 多年来 200 多家餐厅的味道是不可能的，但输出记忆是一种超级记忆技术，它将不可能变为可能。

我是如何记住 200 多家餐厅 10 多年来的味道的呢？秘诀在于，我对自己吃汤咖喱的记录做出了详细的评论并保留下来。

从 1998 年到 2006 年，我运营了一个名为"札幌辣咖喱点评"的咖喱评论网站，记录了 253 家餐厅的 431 道咖喱的信息。2000 年左右，汤咖喱餐馆的数量开始逐渐增加，除了口口相传，我的网站是唯一一个提供汤咖喱信息的网站。换句话说，在互联网上，人们想要了解汤咖喱的信息，只能参考我的网站。

经过几年的经营，这个网站成为汤咖喱爱好者了解最新信息的不二之选。网站每天的点击达到了 2000 余次，每当我在网站上介绍一家餐馆，第二天店前就会有人排队。很多人由此知道了汤咖喱，毫不夸张地说，汤咖喱热潮是由我桦沢的信息传播引发的。

有点跑题了，我想说的是，即使是像味道这样极难记住的东西，只要经过适当的书写，即语言表达后输出，也会让人难忘，留下深刻的记忆。

通过语言表达出来，就会更令人难忘。这不仅限于味觉。在精神病学的世界中，要求患者用语言来表达他们的感受、情绪和想法等——这些都是难以用语言表达的，我们称之为"言语化"。

在用语言表达自己的想法和现状时，人们就能客观地看待自己的状态。这样，他们甚至能找到自己的解决办法。

因此，只需"言语化"，患者就能不断地被治愈。

五种感官和由此产生的情感等难以记忆的内容，也可以通过语言和文字来表达。借助"言语化"这一过程，我们就能客观地掌握并牢牢记住这些信息！

品酒师如何记住并分辨成千上万种味道和香气？

很久以前，我看过一部影片，片中的田崎真也先生在世界最佳侍酒师大赛中夺冠。

面对一杯美酒，他竟然能根据颜色、味道和香气分辨出葡萄的种类、产区、葡萄园甚至年份，这令我惊讶不已。这简直就是一项神技能，普通人难以企及。

那么，如何才能记住味道和气味这些模糊的感觉呢？参赛者们又是如何记住数以百计的，甚至超过一千种不同的葡萄酒的呢？田崎真也的《侍酒师的表现力》一书详细描述了如何记忆五种感官的感受。

书中有许多有趣的内容。例如："为什么侍酒师要将五官感受转化为文字？因为感官接收到的感觉虽然可能会保留在潜意识记忆中，但它们并不是一种可以自由检索的记忆。若想随时唤起相关记忆，并更清晰地回忆起它们，就需要借助语言。五官传感器接收到的每种酒的感觉都会由左脑进行判断，然后用语言表达出来并记忆，整理成数据存储，以便于检索。"

"言语化"意味着将记忆转化为更易于组织和理解的工具，通过赋予其意义来使其更加精确，并能立即回忆起来，便于更加自如的运用。我认为这是最佳的记忆方法。

味觉和嗅觉等微妙的感觉往往瞬间消失，但用语言表达出来，实现其故事化，我们便能够将五种感官的感受保存在记忆中。

我十分喜欢威士忌，在品尝威士忌时，我会尽量把感受写在品酒笔记本上。与味道和香气相碰撞，专注于眼前酒杯中的世界，并将其一一转化为语言表达出来。这对我来说既是一种终极智力游戏，也是一种极好的记忆练习。

自从我开始写品酒笔记，我的味觉和嗅觉，尤其是嗅觉变得更加敏锐。现在即使隐藏品牌名称，我也能非常肯定地猜出产区。我已经记住了代表性的酿酒厂的味道和香气，并在大脑中建立了一个数据库。

用语言表达自己的五种感官感受，这一输出过程是训练感官和记忆力的绝好方法。

第 3 章
不依赖记忆力，实现成效最大化
——精神科医生的"记忆力外记忆术"

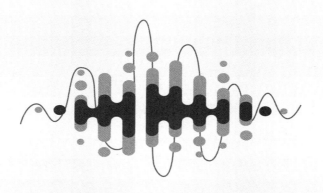

记忆力不提高也可以提升成绩 "提前准备记忆术" 与 "最佳表现记忆术"

不依赖原本的记忆力 ——"记忆力外记忆术"

"我没能取得好成绩，是因为我记忆力不好""我在工作中犯错误，是因为我的记忆力不好"……我想，有很多人都有这样的想法，认为自己原有的记忆力和背诵能力差，所以在学习或工作中无法取得自己想要的成绩。

但事实上，凭借自己原有的记忆力，完全有可能取得理想的结果。

你不需要提高记忆力，但能够记住更多的东西，取得更好的成绩，工作效率也会更高。这种方法在本书中被称为"记忆力外记忆术"。

要实践"记忆力外记忆术"，你需要做的就是提前准备和确保大脑处于最佳状态。

准备占记忆的九成 —— "提前准备记忆术"

让记忆的效果翻倍，甚至三倍的方法

我相信一定有很多读者会想，我所说的是"不记忆的记忆术"，但如果没有记忆、背诵、熟记这些步骤，是不可能记住教科书和课本的吧。

如果这是可能的，那么就可以用特别少的学习时间在考试中取得满分。实际上，尽管记忆、背诵、熟记这些步骤不能完全清零，但是我们可以只用一半的功夫，收获相同的效果。或者花费相同的记忆努力，收获两倍甚至三倍的成效，这是完全可能的。

之所以这样说，是因为"准备占记忆的九成"。

在本章的前半段，我将主要介绍在资格考试或者语言能力测试等应试过程中非常有用的记忆术——"提前准备记忆术"。

提前准备记忆术 **❶**
与背诵相比，优先理解 —— "禁止死记硬背记忆术"

稳步沿着四个步骤记忆

可能有读者会想："这是一本讲记忆技巧的书，居然要禁止背诵，真是太奇怪了"。禁止死记硬背与记忆术听起来似乎格格不入，互相矛盾，其实不然。

死记硬背是一种强行背诵全部内容的方法。有一个奇怪的现象，那就是成绩越差，对自己的记忆力越没有信心的人，越是喜欢用死记硬背的方法。

与死记硬背相对的是什么？那就是理解内容并结合上下文进行记忆。如果对自己的记忆力没有信心，就不应该把重点放在背诵上，而应该先在理解内容上发力。

我不认为有人可以打开教科书的全新一页，读完后一下子就记住了。记忆需要一个过程。

再次重申一下，稳步践行理解、整理、记忆和重复这四个步骤，可以实现更高效的记忆。

想象一下学校的课堂。先是老师读课本并讲解内容。通过听讲解，你就"理解"了课本的内容。在听老师讲解的同时，把黑板上的板书内容抄在笔记本上，并对重要部分做标记。做笔记是整理和记录所理解内容的一种方式。回到家之后，复习和"记忆"课程内容。此外，在考试前，反复"重复"和记忆这些内容。

按照理解、整理、记忆和重复这几个步骤，就可以高效地记忆。

在这四个步骤中，理解和整理尤为重要。

在没有理解和整理的情况下就去死记硬背，你会发现很难记住，也很容易忘记，因为这是一种语义记忆。如果花充分的时间去理解和整理，语义记忆就会变成情景记忆，从而更容易记住，也更难忘记。

禁止死记硬背！ 在进入记忆这一步骤之前，你需要做好理解和整理的充分准备，这样你才能毫不费力地快乐记忆。

提前准备记忆术 ❷
首先俯览全局 ——"富士山记忆术"

统览全局之后，事情会变得容易

我曾两次登上富士山。从山顶眺望的景色非常壮观，让人一下子就忘记了登顶途中的辛苦。

登上山顶后，你可以看到自己走过的整条路，比如"六合目附近平坦无比，但第八合目附近突然变得陡峭起来"。当我第一次攀登富士山时，我就在想，如果我从一开始就知道整个路线，那该有多轻松。果然，第二次攀登富士山时，因为我对整个路线和途中的缓急变化有了完整的了解，所以能够非常轻松自如地攀登。

了解全局不仅能让登山变得更容易，还能让记忆变得更简单。看到全貌后，你就能更轻松地记住。

我将此命名为"富士山记忆术"！

商业书籍，不用从头开始阅读！

当你新买了一本书，是从哪里开始读呢？

"问我从哪里开始阅读，当时是从头开始读啊？"这样想的你，也许在读完后会不断忘记书中的内容。

我买一本书，首先会看目录。这是为了大致了解这本书的结构和内容。

接下来，我会根据目录中的初步信息翻阅这本书。如果有想读的内容，或者看起来很有趣的内容，我就从这里开始读。

翻到这些内容后，我会停下来仔细阅读。这样反复几次，你就能在短短五分钟内读完书中最有趣的部分，即你最想知道的部分。尽管只是短短的五分钟，但它会给你带来大约八分饱的知识充实感。这就是翻阅的妙处。

至此，"想读""想知道"的心情也告一段落，然后回到第一页，从序言开始阅读。这时奇妙的事情发生了，书中的内容会以一种有趣的方式出现在你的脑海中，并深刻地留在你的记忆里。

阅读一本书时，首先要把握全书的整体结构，然后再阅读细节，加深理解。

"从整体到细节"是保留记忆的关键

记忆的关键因素是相关性。如果关联性强，就会被记住；如果关联性弱，就难以被记住。

在一开始掌握全书的整体结构，这样在略读之后再回过头来看第一章时，就能清楚地知道它在整体中的定位。

如果按顺序从头读起，你就不知道接下来的内容如何展开。这可能会让你感到兴奋，"不知道接下来会如何发展"，但是各章各节与全书之间的关联要读到最后才会揭晓，因此你不得不在关联性很弱的情况下阅读。也就是说，这是一种难以保留记忆的阅读方式。

你一定玩过拼图游戏吧！一开始很难判断该把哪块拼图放在哪里，因为根本没有任何线索。不过在拼完三成左右后，就很容易确定该把拿到的拼图放在哪个位置了。这是因为总体框架已经构建就位。如果把翻阅一本书看成是"制作拼图总体框架的过程"，那就很容易理解了。虽然只需五分钟，但你足以把握三成的整体框架，这样既加快了阅读速度，又加深了对内容的理解，还能获得令人难以忘怀的阅读体验。这样的阅读会让人回味无穷。

上中学的时候，我们一直被告知"预习很重要"。为什么预习能提高学习效率呢？这是因为通过预习，可以对当天的学习内容有一个整体的了解。预习会让你对拼图的整体框架有一个大体的掌握。在课堂上，你可以关注预习中没能理解的地方，关注所讲内容的细节，从而更深入地理解，更有条理地听课。这也成为一个再次学习以前接触过的信息的复习的过程。

预习是"富士山记忆术"的精髓所在，它让我们对当天要学习的内容形成一个整体的了解。

学习也好，阅读也罢，如果你想实现理解和记忆，必须首先掌握全局，了解整体的结构、流程和发展。首先要俯览全局，就像站在富士山顶俯瞰风景一样。其次，边读边记忆细节。

按照从整体到细节的路径，记忆和学习的效率就会大幅提高。

提前准备记忆术 ❸
参加资格和认证考试的高效策略 ——"对策讲座记忆术"

只学五天就通过合格率45.5%的威士忌认证考试的方法

2014 年秋，我得知要举办威士忌认证考试，作为威士忌爱好者的我立即决定参加。我参加了首届二级威士忌认证考试，并顺利通过。

证书上记载着分数，令我惊讶的是，我的成绩是 89 分，在全部 1379 名考生中排名第 59 位。顺便提一下，70 分或以上为及格。我参加的二级考试的合格率为 45.5%，作为资格认证考试，算是非常难的了。

也许有人会想："才 89 分，大谈记忆技巧的桦沢先生也不怎么样嘛。"但关键在于,我只复习了五天的时间。说"根本没复习"可能显得过于自傲了,但因为有很多工作要做,所以只能学习五天的时间。

追溯到考试前一个月,仅摆在眼前的威士忌考试的教材就有 200 多页。从威士忌的历史、生产方法到各种威士忌的特点,有很多知识需要学习。我本想仔细研究学习,但工作繁忙,没有时间一连学习几个星期。因此,我必须争取用最短的时间来通过考试。

就在那时,我得知了"威士忌认证考试备考课程"。此时距离考试恰好一个月左右,是开始学习的最佳时机。我立即报名参加了。

苏格兰文化研究所(现为威士忌文化研究所)的所长、威士忌认证考试的监督人兼出题人土屋守先生,在大约三个小时的时间里,生动幽默地讲解了大量问题,涵盖了威士忌的历史、生产方法,各地区的威士忌以及一些个别威士忌的特点。土屋先生的讲解如此引人入胜,以至于我忘记了自己是在准备威士忌认证考试。这次课程为我们提供了一个绝佳的机会,让我们充分了解"什么是威士忌"以及"威士忌的魅力所在"。

通过聆听威士忌的历史、酿造方法和各自特点的故事，那些原本需要死记硬背的内容，在我的大脑中却烙下了"波澜壮阔的威士忌大戏"的印记。换句话说，课本内容变成了一个完整的故事。此外，讲座还提到了威士忌认证考试的理念和考试侧重的部分（即必须记住的要点）。

光是阅读这 200 页的教材就需要四五个小时，而现在只需三个小时就能掌握全貌和要点，非常高效省时。根据公布的数据，首届考试的通过率为 45.5%，但参加该备考培训的学员的通过率肯定要高得多。

开始准备一项资格或认证考试，抑或开拓学习某一个领域时，首先应该了解该领域的全局。为此，应该充分利用准备课程和基础课程，通过这些课程，可以在短短几个小时内了解全局。

对于大多数国家考试、资格考试和认证考试，都有由预备学校和相关机构组织的预备课程和基础课程。因此，如果决定参加考试，首先应参加预备课程或基础课程，以便全面了解考试范围。

能否通过考试，这与背诵能力、记忆力或你有多聪明没有直接关系。尤其像认证考试这样只需要记住一本书的内容就可以通过的考试，你事先的准备工作将决定你能否通过考试的九成。

在开始学习之前，必须先了解全局。这是绝对要做的提前准备！

提前准备记忆术 ❹
整理就不会忘记 —— "摘要笔记记忆术"

记忆之前，胜负已定

在人们的普遍印象中，背诵和记忆可能就是在参考书上疯狂地画红线，但正是这种以输入为中心的背诵和记忆方法，让你无法获得理想的结果。

"考入东京大学的学生的笔记总是很漂亮。"（太田绫，《文艺春秋》）其中收录了许多东大学生高中时的笔记，用一句话概括就是"有一种艺术的美"。

这些笔记易读、易于理解、字迹漂亮、条理清晰。

当你看到这样的笔记本时，信息会在你看到它的一瞬间，以直观的形象流入你的脑海，产生强烈的冲击力。如果你看到"美丽无比的考入东京大学学生的笔记本"，就会一目了然地发现，在记忆之前，胜负已定。

考入东京大学的学子首先要做的就是制作一本易读、易懂、条理清晰的笔记本，然后以此为基础进行记忆。如果笔记本难读、无条理、难理解，这个人是否还能考上东京大学呢？

如果你制作了一本易读、有条理的笔记本，背诵过程就会变得异常简单。做好整理工作，即使不刻意地去背，知识也会自然而然地记在脑里。

整理能促进记忆，这一点已在大量的脑科学相关实验中得到科学证实。

《让大脑自由》（*Brain Rules*）中写道："按逻辑组织和分层次结构呈现的单词比按随机顺序呈现的单词记忆更牢固。一般来说，记忆率要高出 40%。"

总结和整理的神奇效果在于，通过以逻辑和分层次的方式整理知识，记忆力可提高 40%。

要进行整理，就需要理解；而通过整理，又可以进一步加深理解。

例如，翻开考上东京大学的学生的笔记本，如果你问写笔记的学生"请解释一下笔记的这一页"，他（她）一定能解释清楚。如前所述，"能够解释"意味着事件在头脑中被联系起来，成为一个"连贯的故事"。

因此，当你经历了整理和总结的过程，并有了足够的理解，达到能够向他人解释的程度时，信息几乎已经在你的脑海中牢固地形成记忆，无须再刻意地背诵。

提前准备记忆术 ❺
掌握考试出题倾向，任何人都能正确答题 —— "研究历年真题记忆术"

掌握考试的出题倾向

如果提前知道考试中会出现的问题，你能得到多少分？是不是可能得满分呢？

如果全国统考的试题提前泄露，那可真是大问题了。但实际上，试题在一定程度上是可以预测的。通过研究过去考试的试卷，即历年真题，就可以大致了解和预测考试出题的趋势。

预测可能出现的考题在日语中被称为"占山头"，我觉得这种说法不太合适。预测考题更像是探险，而在把握出题趋势的问题上，并没有所谓的押对与押错。

今年考试的所有题目都不符合以往的趋势，这是不可能出现的。虽然可能会有一些罕见或奇怪的问题，但大多数试题不会偏离过去的出题趋势。

市面会出售分析国家考试和资格考试中这些趋势的书籍，然而，重要的是不要依赖这些分析出题趋势的书籍，而是要自己实际去做过去的考试题，自己找出趋势。

通过这种方式自己捕捉命题趋势，你会自然而然地长出"慧眼"，一眼看出一道题可能出现或不可能出现。

先做历年试题，后看参考书

在准备国家考试或资格考试时，大多数人都是先学习教科书、参考书和课本，累积了一定程度的实力之后，再用历年真题来检验自己的成果。但事实上，这种学习方法并不十分适合，相当浪费时间和精力。你不知道哪些部分会出现在考试中，唯一的办法就是对所有部分都一视同仁地学习、记忆。

我的方法恰恰相反。首先，翻阅过去的试卷。可能一开始无法解决它们，但没关系，首先要全面整体地把握考试中会以何种形式出现何种问题。

关于分析历年真题，我有推荐的方法：找出所有问题在课本中的位置，并用荧光笔标出相关部分。对于四选一的选择题，即使是答案中的错误答案的部分也要用荧光笔标出，就像已出问题一样看待。如果将过去三年，最好是五年间的试题都按照这种方法来做，就能易如反掌地清楚了解在哪些学科领域，以何种难度水平，出了什么样的问题。

换句话说，通过分析"这个问题在过去被问过很多次"或"这个问题在过去从未出现过"等趋势，你就可以知道这个问题可不可能出现。关键是要分析趋势。

历年真题很重要！有些人也许会因此拼命背诵过去的试卷，毫无疑问这是错误的使用方法，因为再出现完全相同的试题的概率极低。重要的是要准备好回答与往年试题相同类型或相同体系的问题。

为此，在解答往年试题时，不能仅仅是解题，还要分析出题者的思路，多思考出题者出此题的意图是什么。问题可能变了，但出题者的意图并不会产生太大变化。通过分析大量以往的试题，你就能发现出题者希望考生对这些知识所达到的大概的理解水平。

从"出了哪些题"的角度去解题，是一种面向过去的视角。但是相反的，如果从"出了什么样的题""今后应该还会出同样倾向的题"的角度，一边预测一边解题，就会变成面向未来的视角，这样分析历年真题的效果就实现了最大化。

考试复习的第一步，就是分析和研究过去的试题。

通过分析历年真题获得了满分！

我第一次分析历年真题是在初中三年级，准备高中入学考试的时候。在英语、国语和数学科目中，有很多问题需要理解和思考才能正确作答；而在社会学科中，有很多问题则可以通过背诵来正确回答，比如地理和历史等。

既然光靠背诵就能征服它们，那是不是彻底背下来就好了呢？其实要背诵整本教科书太难了。此时正是历年真题闪亮登场的时候。

我来自北海道，所以我首先做完了北海道公立高中历年的社会学试题，但这还不足以掌握出题趋势。于是，我买了一本收录了全部 47 个都道府县所有公立高中入学考试试题的试题集，分析了过去一年的所有试题。

我查阅了所有的中考试题，并用荧光笔在参考书的相关部分做了标记。然后，我把过去出题的所有项目都总结在了笔记本上。我列出了一个明确的记忆项目清单，只要背下来清单的内容，我就能在社会学科考试中取得满分！项目数量没有我想象的那么多。这就是一个简单的笔记本，感觉完全背下来也是可能的。

后来，我参加模拟考试时发现，超过 90% 的题目都在我的这个笔记本上出现过。虽然当时我还是个初中生，但我已经能像补习班老师一样，辨别出哪些内容会出现在考试中，哪些不会。

我还做了类似的理科笔记。

在正式的中考中，我的社会学科和理科都获得了满分。大部分考试题目都来自我的笔记，所以考得很轻松。

对于以背诵为主的科目，只需分析过去的考题就能获得高分。

总之，历年真题对考试至关重要！

学习从重要的部分开始——"前 20% 记忆术"

假设你现在有一本充满魔法的教科书。

最有可能在考试中出现的 20% 的内容和偶尔才会出现的 80% 的内容分别用不同颜色标记了出来。你更愿意先学习哪一个呢？是很大概率在考试中出现的 20%，还是只是偶尔出现的 80%？

如果要二选一，估计每个人都会说自己会学习最有可能在考试中出现的 20%，但在实际学习中，大多数人都是从教科书的第一页开始学习的。

或者，如果考试范围是划定的，一般会从该划定范围的第一页开始学习，最终由于时间不够而不得不放弃最后的 30% 左右的内容。

在备考中，我们不需要从第一页开始学习，而是应该从考试中出现概率最高的重要的 20% 开始学习。

有一条定律叫作"帕累托定律"（Pareto Law）。

它也被称为"20/80 定律"，例如，20% 的工作产生 80% 的收入，或 20% 的人积累了 80% 的财富。

帕累托定律几乎也适用于学习领域。这个 20% 对 80% 的比例可能并不精准，但如果你能记住课本中可能会在考试中出现的前 20% 的知识点，你就能得到 50 分、60 分等超过一半的分数，甚至是 80 分。

学习时间是有限的。因此，我们应该确定学习的优先顺序。如果你分配同样多的时间学习"考试中容易出现的部分"和"考试中很少出现的部分"，你将损失太多的时间。

如上所述，通过分析过去的试卷，我们可以用不同颜色标记出考试中极易出现的 20% 的部分和偶尔出现的 80% 的部分，从而创建属于自己的"神奇魔法教科书"。

先记忆重要的 20% 的内容。如果时间充裕，再背诵剩下的 80%。这比从第一页开始平均分配学习时间要有效得多。

提前准备记忆术 ❻
只需写下来就能 100% 记忆 ——"单词本记忆术"

记忆一一对应的组合时，请准备单词本

在漫画《哆啦 A 梦》中，有一种叫作"记忆面包"的秘密工具。它是一种神奇的记忆工具，只要把要背的内容写在一块面包上，然后吃下去，要背的内容就记住了。顺便说一句，大雄因为吃了太多的记忆面包，导致了腹泻，最后什么都忘了，这就是典型的大雄的遭遇。

我小时候想，如果真的有记忆面包该有多方便啊。事实上，真的有记忆面包，你只需写下来就能百分之百

记住。

它也被称为"单词本"。

使用单词本，你就能百分之百地记住你所写的内容！有些人可能会认为这有点夸张，但通过我的"单词本记忆术"，你确实有可能百分之百地记住所写的内容。

单词本是一个重要的记忆工具。几乎人人在高中和大学入学考试时都使用单词本吧。单词本在记忆成对单词时显示出绝对的威力，例如记忆英语单词时："apple—苹果"。

单词本对选择题考试也很有效，如三选一、四选一或评分表式考试。

我之所以能只用五天的学习时间通过威士忌认证考试，是因为我充分利用了自己制作的单词本。威士忌认证考试课本的最后有模拟题，我由此得知考试的形式就是四选一的选择题。这意味着如果能熟记各种词语的组合，就能通过考试。因此，我把课本中需要记忆的内容都写在了单词本上。

例如，在模拟考试中有这样的题目：

苏格兰的国花是什么花？

1 玫瑰 2 百合 3 蓟花 4 蕨

答案是"3 蓟花",这时我自然会在单词本上写上"苏格兰的国花—蓟"。除此之外,其他选项我也会写出来,比如"英格兰的国花—玫瑰"等。此外,虽然在该题目中未被列为选项,但以威士忌闻名的爱尔兰也有可能出现在题目中,所以还要加上"爱尔兰的国花—三叶草"。

像这样,我把需要记忆的所有信息都记在单词本上。

准备威士忌认证考试时,我制作了 500 张卡片。提前做好准备是非常重要的,当时我记住了这 500 张卡片的内容,就能确保百分之百考试合格。

花更多时间去记忆你不记得的! ——"分层记忆技巧"

接下来,开始使用单词本进行记忆。

卡片正面写着"苏格兰国花"。我们其实知道答案"蓟花"。但为了更牢固地记住,最好用笔在纸上写下它,然后随时确认答案。

每隔几张卡片,就会有一张你还没有记住的,或者会出错的。此时,把错的卡片拿出来,放到"记忆中"的一堆里。经过检查没有问题的卡片会放入"已记忆"的一堆里。

"记忆中"的卡片的记忆是模糊的，因此，要反复记忆，直到全部答对为止。第二天，再次挑战"记忆中"的卡片。这时，大部分卡片都记住了，但仍有一些卡片会出错。

同样，把错误的卡片抽出来，这次移到另一个"难记"的卡片堆里。换句话说，你制作的卡被分为三组："已记忆""记忆中"和"难记"。反复学习"已记忆"的卡片实属浪费时间，应专注于那些你记不住、有时会出错的卡片，即花时间在"难记"和"记忆中"的卡片上，而"已记忆"的则在考试前再复习一次即可。

如果你重复这样做，并把所有"难记"的卡片都答对了，那么你就达到了"100%的记忆"。

这就是把单词本变成记忆面包的方法，你只需把单词写下来，就能百分之百地记住它们。

通过这种方法，我在威士忌认证考试中能够100%正确回答自己制作的卡片上的问题。遗憾的是，我在一些没有写在卡片上的较难题目上也犯了一些错误。但我还是超过了考试的及格线70分，甚至取得了89分的好成绩。

如前所述，诀窍是不在"已记忆"的卡片上花费时间，而是分配足够的时间去记忆未记住的卡片。这样你就能更加高效地利用时间。

大多数人都拥有单词本，但并没有按照"已记忆"和"未记忆"来分类整理。不妨试试这样做，你真的可以100%记住它们。

调节大脑状态——"最佳表现记忆术"

保持现有的记忆力，记忆效果却能提升若干倍！

一天中什么时候最适合记忆呢？答案是晚上。

那么，通宵达旦地记忆真的有效吗？实际上，削减睡眠时间来学习往往适得其反。

记忆是由大脑完成的。这意味着，如果选择在大脑表现良好的时候进行记忆，即使学习时间很短，也能保持长时间的记忆。相反，如果你在大脑状态不佳时尝试记忆，那么效率将大打折扣，即使你认为已经记住了，也会很快忘记。

充分考虑大脑的状态后再去学习、研究以及工作，那么记忆力好的人效率会更高，而记忆力差的人也能达到合理的效率水平。

虽然绝对的记忆力很难在两三天内提高，但是，如果创造大脑的最佳状态，也能显著提高记忆力和学习效率。通过"最佳表现记忆术"，即使保持现有的记忆力水平，你也可以从今天开始就提高记忆效率。

此外，对于记忆来说，复习的时间至关重要。用同样的三个小时进行记忆，学习效果会因复习时间和复习次数的不同而产生数倍的差异。

因此，在最佳状态下学习，在最佳时间复习，通过练习"最佳表现记忆术"，你可以在现有的记忆水平上最大限度地提高记忆力。接下来，我将从"睡眠"和"学习计划"这两个关键词出发，来解释如何提高大脑的性能。

睡觉即可促进记忆！——"睡眠记忆术"

睡眠与记忆的惊人规律

关于提高记忆力的方法，如果只能说一个，我会说睡眠。

睡眠和记忆力密切相关。无论你白天如何努力学习，如果睡眠不足，记忆就不会深刻。睡眠不足会让你所有的努力付诸东流。

睡得好，就能提高记忆力。

你可能会觉得不可能那么简单，但实际上，确实存在这种有如做梦一般神奇的记忆术。

只要睡一觉，就能记住。

毫不夸张地说，睡眠本身就是终极的"不记忆的记忆术"。

下面，我将告诉你想要提高记忆力必须知道的睡眠与记忆的重要法则。

强化记忆的睡眠法则 ❶
巩固记忆至少需要六小时的睡眠

做梦有助于整理和巩固记忆

晚上睡觉时，我们会做梦。

我们为什么会做梦呢？

关于此有多种理论，但最合理的解释是，梦有助于整理和巩固记忆。

为了巩固白天的记忆，我们至少需要 6 小时的睡眠。哈佛大学的斯蒂克戈尔德博士在 2000 年发表的一项研究表明，为了掌握新知识和新技术，在学习当天至少要保证六个小时的睡眠。

这意味着，如果你把睡眠时间缩短到三四个小时，或者熬夜学习，记忆就无法得到巩固，学习效率也不会高。

你可能会担心睡眠充足了，可用于学习的时间就会减少。

但事实上，通过适当的睡眠，你可以获得更高效的记忆和学习体验。

强化记忆的睡眠法则 ❷
严禁通宵和睡眠不足！

熬夜和睡眠不足会降低大脑的表现

或许会有人认为：考试前夜，通宵达旦地学习是必然的！然而，考试一结束，你所学的、认为本该记住的大部分知识都会忘记，因为中间没有睡眠。这意味着，无论你如何努力学习，都无法实现学习成果的积累。

通宵也会显著降低大脑的工作效率。

大量实验表明，熬夜会导致认知能力下降。

另外，即使不熬夜，睡眠时间少一点也会对大脑产生严重的负面影响。

根据日本国立神经学和精神病学研究所的三岛和夫博士的研究，一个人连续多天六小时睡眠，从第 10 天左右开始，认知能力会下降到与连续 24 小时不睡觉（一个通宵）时相同的水平。

通宵或睡眠不足不仅会降低记忆力，还会降低大脑的大部分功能。

在这种大脑性能下降的情况下，不可能在考试中发挥出最佳水平。那些花了几个月时间背诵的、形成长期记忆的内容也想不起来了。

熬夜会杀死脑细胞？！

我们有时会听说熬夜会杀死脑细胞，这是真的吗？

一项研究发现，连续五天剥夺大鼠的睡眠会导致一些大鼠的脑垂体细胞死亡。在另一项研究中，被剥夺睡眠 96 小时的大鼠海马体中几乎没有新的神经元生成。

睡眠不足还会导致压力激素皮质醇的分泌增加，而高水平的皮质醇会损害和杀死海马体中的神经元。

日本东北大学对 290 名 5 ~ 18 岁的受测者进行的一项研究也发现，睡眠不足的儿童的海马体体积较小。

虽然目前还不确定一个通宵会杀死多少脑细胞，但毫无疑问，持续睡眠不足会对海马体产生严重的负面影响，而海马体在记忆巩固中起着关键作用。

就算你与完全不睡觉或长期熬夜无缘，但睡眠不足六小时也会影响记忆和认知功能。因此，如果你想提高记忆力，保证充足的睡眠是确保大脑发挥最佳状态的关键原则。

强化记忆的睡眠法则 ❸
记忆的黄金时间是睡前

睡前记忆，然后直接入睡

一天中是否存在最适合记忆的时间段呢？

如果存在这样的时间，那么在这个时间进行记忆无疑将是最有效的记忆与背诵策略。

开门见山地说，一天中最佳的记忆时间就是睡前。尤其是睡前 15 分钟，这段时间被称为记忆的黄金时间。

我们已经深入探讨了睡眠如何促进记忆巩固。在记忆新信息之后，促进记忆保持的最佳方法就是直接上床睡觉，避免任何干扰。

干扰记忆保持的一个关键因素就是记忆冲突。当记忆达到一定程度后，如果输入相似或无关的信息，这些信息会在大脑中发生碰撞，混淆正在建立的记忆，从而干扰记忆过程。

"我努力学习了一整天，看场电影再睡觉吧！"或者"玩一个小时的游戏再睡吧"，经常会有人这么想。但从记忆术的角度来看，这是最糟糕的度过睡前时光的方式。

学习之后，立刻上床睡觉，是最有效的记忆方式。

让大脑在最佳状态下工作——"分时间段学习法"

晚上睡前是记忆和背诵的最佳时间，而上午则相对不适合背诵和记忆。那么，应该如何安排学习呢？

早晨起床后的两三个小时是大脑的黄金时间，此时大脑处于高度组织状态，是进行高度逻辑思维、理解困难事物、写作和学习语言的好时机。

请回忆记忆的四个步骤：理解、整理、记忆和重复。其中，理解和整理这两个步骤最适合在上午进行。

在上午安排需要理解和整理的学习，在晚上则进行记忆和重复。

珍惜睡前 15 分钟的记忆黄金时间，一次性集中记忆薄弱环节，然后直接入睡，可谓是一种特别有效的学习方法。

以数学和物理为例，这些课程更注重理解而非记忆，更适合在上午学习。然而，数学和物理也需要记忆公式，因此公式等最好在睡觉前反复记忆，以确保牢固掌握。

在英语学习中，语法的学习属于逻辑型，而英语词汇则属于记忆型。通过区分学习理解型和记忆型的内容，早上学习理解型内容，晚上学习记忆型内容，学习和记忆的效率将会实现飞跃式的提高。

强化记忆的睡眠法则 ❹
补觉也无法弥补睡眠不足

如果持续睡眠不足，周末睡 10 个小时也无济于事

事实证明，减少睡眠会削弱大脑的大部分功能，不仅会降低记忆力，还会影响第二天的注意力、专注力、认知能力和学习能力。

很多人可能会想："如果我平时睡眠时间不足，但周六和周日能睡饱，就可以弥补吧。"美国维贡扎斯（Vgontzas）博士的研究表明，这种想法是错误的。

在一项持续 13 天的测试中，参与者依次睡了 4 天 8 小时、6 天 6 小时和 3 天 10 小时。

观察发现，睡眠时间减少 2 小时，就会导致困倦和认知功能降低。随后，尽管经过 3 天 10 小时的睡眠（类似于周末的"补觉"行为），困倦情况有所改善，但认知功能并未恢复。

换句话说，认为只要过后保证充足睡眠，大脑就能从睡眠不足中恢复过来的想法是错误的。即使你在周末睡上 10 个

小时来弥补平日里损失的睡眠时间，降低的认知能力也不会恢复。大脑的性能在假期补觉结束后仍然会持续低下。

这意味着，长期睡眠不足的人在学习或工作时总是心不在焉，无法发挥 100% 的能力。

每天至少保证六小时的睡眠，是提高注意力、使大脑保持最佳状态的关键，也是保持记忆力以及工作效率的关键。

强化记忆的睡眠法则 ❺
即使小睡一会儿也有助于记忆保持！

小睡对记忆力的保持有显著影响

为了保持记忆，至少需要六小时的睡眠。但对于那些工作繁忙、每天加班加点、无法获得足够睡眠的人来说，该怎么办呢？

克服睡眠不足导致的工作不力的一个有效方法就是小睡。

德国吕贝克大学的研究者进行了一项研究。首先，要求被试记住 15 张不同的带有插图的卡片；40 分钟后，要求一半的被试记忆与第一轮略有不同的卡片（以干扰他们的记忆），而另一半的被试则被要求在轻度（非快速眼动）睡眠 40 分钟后记忆卡片。然后测试他们对第一轮卡片的记忆程度。

研究结果显示，睡眠组的表现明显优于无睡眠组。无睡眠组的正确率为 60％，而睡眠组的正确率则高达 85％。

大脑成像分析也证实，睡眠能促进长期记忆的储存。

睡眠能促进长期记忆的储存，防止各类信息引起的记忆冲突。即使是 40 分钟的小睡，也会对记忆的保持产生重大影响。

小睡 26 分钟可使工作效率提高 34％

除了对记忆力的提升，小睡还能提高大脑的整体性能。根据美国国家航空航天局（NASA）的一项研究，小睡 26 分钟可提高 34％的工作效率和 54％的注意力。

在美国，越来越多的公司开始设置小睡室和名为"午睡舱"的睡眠机器，其中包括谷歌和耐克等大公司。

在日本，厚生劳动省编写的《促进健康睡眠指南》于 2014 年进行了 11 年来的首次修订。其中指出，午睡有助于改善午后困倦导致的工作问题。在下午的早些时候小睡 30

分钟以内，可有效提高因困倦而导致的低下工作效率。国家层面也对小睡的效果给予了认可和支持。

在以前如果午睡的话，会被训斥"你在干什么呢！"。最近，设置休息室、支持小睡的日本企业也多了起来。

拿破仑其实睡眠时间并不短？！

拿破仑每天只睡三个小时，却取得了一系列辉煌的胜利。由此，短睡眠倡导者认为，睡得少也没关系。然而，最近的研究对拿破仑的短睡眠理论提出了质疑。

众所周知，拿破仑患有严重的胃溃疡。关于拿破仑的死因有很多说法，但其中一种认为是由于胃溃疡恶化导致的胃穿孔。

拿破仑的画像中，通常他的双手都放在胃部，这也侧面说明他经常胃痛。他的剧烈胃痛每天持续到午夜，这让他每天只能睡三个小时。

压力是胃溃疡的主要原因，而睡眠可以缓解压力，细胞修复也在睡眠中进行。毫无疑问，拿破仑胃溃疡的恶化与睡眠不足有关。

此外，根据拿破仑的助手布里安撰写的回忆录，拿破仑在开会和骑马时经常打瞌睡。换句话说，拿破仑并不是一个每天只睡三个小时就可以大刀阔斧走天下的短睡眠者，而是因为胃溃疡引起的胃痛才只睡三个小时。他患有慢性睡眠障碍，并通过小睡来弥补。换句话说，他是一位小睡大师。

达·芬奇每四个小时就会小睡 15 分钟。发明大王爱迪生也养成了午睡的习惯。这些伟大的历史人物也善于利用午睡来最大限度地提高大脑的性能。

让小睡为你的事业助力！——"强力午睡实践法"

将每小时的睡眠效果最大化的午睡方法，我们称之为"强力午睡"。

强力午睡的最佳时长为 15～20 分钟。若午睡时间超过 30 分钟，进入深度睡眠后醒来反而会增加疲劳感；而午睡时间若超过 60 分钟，则可能会对夜间睡眠产生负面影响。

此外，午睡应在下午 3 点前结束，因为过了这个时间再午睡，同样会对晚上的睡眠造成不利影响。

理想情况下，最好是平躺着午睡，但如果没有条件，坐在椅子上脸朝下趴在桌子上午睡也会有一定效果。此外，如果在小睡前饮用咖啡或绿茶等含咖啡因的饮料，由于咖啡因通常会在 30 分钟后开始发挥作用，因此可以帮助你更自然地醒来。

就我而言，我并没有养成午睡的习惯，但当我感到疲倦或困意强烈时，我不会硬撑着，而是会选择小睡 20 分钟。

在效率降低的情况下继续工作，不仅效率低下，简直就是浪费时间。如果对比考虑午睡所损失的短暂时间，以及午睡带来的恢复效果以及随之而来的工作效率的提高，你就应该明白午睡到底有多好了。

复习是记忆不可或缺的——"学习计划记忆术"

如果不复习，将忘记大部分的信息

我们都知道，复习对记忆而言至关重要。

那么，初次记忆几天后复习最有效？复习多少遍才能达到最佳效果呢？实际上，不同的学习规划方式能够为记忆效果带来数倍的改变。

德国心理学家艾宾浩斯曾记忆了一些无意义的三字母组合，如"SOB""RIT"和"GEX"，并深入研究了记忆效果随时间的变化情况。

研究结果显示，记忆后会发生快速遗忘的现象。值得一提的是，100 多年前艾宾浩斯所进行的这项研究是当今记忆研究的基础。

记忆确实会随着时间的推移而被逐渐遗忘。

防止遗忘的唯一有效方法就是复习。

在适当的时机进行适当的复习，记忆的比例就会稳步提高。

不过，需要注意的是，艾宾浩斯实验所研究的是无意义的字母组合，这属于典型的语义记忆。有关联性的记忆或实际经历的记忆（情景记忆），则不会如此快速地被遗忘。

本书正是由此反推出了一种策略：即使所需记忆的内容本身没有关联性，我们也可以通过将其故事化，使其产生关联性，从而更好地保持记忆。

学习计划记忆术 ❶
一周内复习三次 —— "137 记忆术"

1 天、3 天和 7 天后进行复习

那么，实现有效长期记忆的最佳复习时机是什么时候呢？

有关的研究非常多。其中之一是"1 天 – 1 周 – 1 个月方法"。这种方法的原理是，在初次记忆后的 1 天、7 天和 30 天这三个时间点进行复习。

当然，这也跟想要记忆的内容有关系，但考虑到 1 天和 7 天之间的间隔较长，所以根据经验，我建议在 3 天后再增加一次复习。

具体来说，如果能在"1 天后，3 天后，7 天后"这三个时间点分别进行复习，那么经过这三次复习，大部分内容应该都能被牢牢记住。然后，在 30 天后，再重新检查是否真的记住了。

我们称之为"137 记忆术"，其中的"137"分别代表初次记忆后的 1 天、3 天和 7 天这三个关键的时间点。

输入大脑的信息会暂时储存在海马体中 2 ~ 4 周的时

间。如果信息在这段时间内被使用 3 ~ 4 次或更多次，大脑就会将其视为重要信息。当然，这些时间和次数只是指导原则，并非绝对精确。

"在 2 ~ 4 周内进行 3 ~ 4 次输出"，光是这么一个模糊的说法，显然无法据此制定学习计划。

因此，我推荐使用"1、3、7、30"这几个数字作为复习指南。不一定必须严格按照三天后的时间，也可以是四五天后，但注意不要间隔太长的时间，关键是要在忘记之前进行复习。作为粗略的指南，建议记住"137"这个复习节奏。

学习计划记忆术 ❷
不要集中记忆！——"分散记忆术"

一次性集中记忆并不能形成牢固记忆

每当考试临近或时间紧迫时，大家可能会选择连续几个小时学习同一个科目，或进行长时间的死记硬背。然而，长时间连续的记忆和背诵往往会导致效率的大幅降低。

纽约大学的达瓦奇博士曾做过一项实验，要求人们记住一组单词。集中学习组被要求在一天之内记住整个单词表；而分散学习组则被要求分两天背诵，但两组的总记忆时间相同。

实验结果显示，集中学习组和分散学习组的初次测试结果几乎相同。然而，在第二天进行的突击测试中，分散学习组的正确率要高出约10%。

这表明，集中学习比分散学习更容易遗忘，记忆力更难保持。正如我们在加强记忆的睡眠法则中讨论的那样，如果在一节课中塞进太多信息，就会引发记忆冲突。

例如，如果你试图同时记住100个英语单词，这些单词会在大脑中相互干扰，从而阻碍记忆的保持。

哈佛大学的丹尼尔·L.夏克特博士在他的著作《为什么我记不起"那个"：记忆与大脑的七大奥秘》中也指出："在准备即将在一周后举行的考试时，重复学习十遍应该比在考试前一次记住所有内容效果更好。"

学习应在一段时间内反复进行，而不是一次性塞满。

通过分配学习时间和进行重复学习，而不是一次性长时间地学习，可以最大限度地提高大脑的性能。

学习计划记忆术 ❸
用力过度会适得其反 —— "休息日程表记忆术"

利用开始效应和结束效应提高效率

回过神来才发现已经学习了三个小时，其实这样的情况并不常见，因为很少有人能保持如此长时间的专注和学习。绝大多数人在学习时都会产生"哎呀，我累了""已经厌烦了"或"我现在就想放弃"等想法，从而不得不与想要放弃的欲望做斗争。无论是学习还是工作，在疲惫之前休息一下是很重要的。

无论是学习还是工作，人们在一天的开始和结束时，注意力都会更加集中，记忆力和工作效率也会更好。在心理学中，这被称为开始效应和结束效应。利用"好嘞，要开始了！"这种"第一次努力效应"和"马上就做完了！"这种"最后的努力效应"，可以提高学习和工作的效率。

例如，比较每 45 分钟休息 5 分钟的模式与每 90 分钟休息 10 分钟的模式。如果开头 5 分钟和末尾 5 分钟都有努力效应，那么工作 6 小时后，以 45 分钟为单位进行工作的人将获得 80 分钟的高效时间，而以 90 分钟为单位进行工作的人只能获得 40 分钟的高效时间。

休息一下自然会有提神醒脑的效果，而且每个时间段也会有开始效应和结束效应。也就是说，总体而言，你的记忆效率和工作效率都会提高。

与其拖长战线，懒洋洋地学习或工作，不如定好时间，在感到疲惫之前休息一下，这样才能最大限度地提高学习和工作的效率。

第 4 章
情绪发生变动时，记忆也会强化
——精神科医生的"情绪操控记忆术"

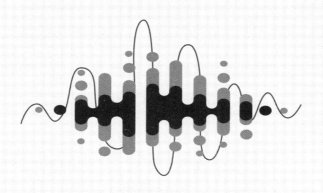

情绪的变动可强化记忆

控制情绪有助于记忆

想想你的第一次约会，你和谁一起去的，去的哪里？这可能是 10 年前、30 年前，甚至更久以前的事了，但你可能依然记忆犹新，不是吗？

我们说过，人类会遗忘 99% 的输入信息，但我们却能很好地记住非常愉快的记忆，即使不去刻意复习。同样，痛苦的或悲伤的记忆也难以忘怀，即使我们想要忘记它们。

记忆和情感是紧密相连的。人类拥有一种深刻的记忆机制，可以记住那些引发强烈情绪波动的事件，如喜怒哀乐。

曾有人做过一个实验，把八个单词和一位数字组合起来，要求人们记忆。这些单词既包括"亲吻""呕吐"等能刺激情绪的单词，也包括普通的单词。

一周后进行测试，结果显示，包含情绪刺激词组合的记忆效果明显优于普通词组合。

当情绪受到刺激时，记忆力就会增强。究其原因，是因为情绪刺激时大脑分泌的化学物质和神经递质具有增强记忆的作用。

例如，当我们感到兴奋、开心和幸福时，大脑会分泌幸福物质多巴胺。当我们无比快乐时，会分泌被称为大脑麻药的内啡肽。而在我们感到恐惧或焦虑时，则会分泌去甲肾上腺素和肾上腺素。所有这些物质都被证明具有增强记忆的作用。

我们会更强烈地记住那些愉快和幸福的事情，这能让我们过上幸福快乐的生活。

同时，对恐惧或焦虑事件的强烈记忆对于避免类似危险也非常重要。

这种对情绪波动的记忆被称为情绪记忆。情绪记忆远比普通事件更难忘，而且不需要反复回顾。

由此反推，通过有意识地控制情绪，我们可以利用情绪的记忆强化作用，无须特别记忆就能自然而然地记住。这就是"情绪操控记忆术"。

情绪操控记忆术 ❶
紧张不是敌人 ——"适度紧张记忆术"

适度紧张更能提高学习效率

在学生时代，当你发现模拟考试中的一道题在正式考试中再现时，你一定会感到高兴："哦，这和模拟考试中的题是一样的！"你一定也有过这样的经历吧。

为什么模拟考试中的题目比日常练习的题目更令人难忘呢？原因就在于适度紧张。

在适度紧张的状态下，大脑会分泌一种名为去甲肾上腺素的物质。它与杏仁核和海马体中的其他神经递质和激素相互作用，促进长期记忆的形成。它是长期记忆形成过程中非常重要的脑物质。

很多人会担心紧张，不喜欢紧张，视紧张为敌人，但"适度紧张"一直是我们的"强心盟友"。

此外，去甲肾上腺素还与工作记忆密切相关。所谓焦头烂额的状态，即因去甲肾上腺素分泌过多，导致工作记忆无法正常运作。

一旦超过适度紧张，陷入极度紧张状态，就会大脑一片空白，大脑的工作性能就会严重受损。

适度紧张时的大脑表现优于不紧张状态。然而，在极度紧张的状态下，大脑的性能就会下降。这一观点已被心理学实验所证实，被称为"耶克斯－多德森定律"。

在心理学家耶克斯和多德森的实验中，老鼠被训练分辨黑白标记。当老鼠区分错误时，就会被电击。结果发现，随着电击强度的增加，正确反应率也会上升，但当电击强度超过某个最佳水平时，正确反应率就会下降。

当电击强度，即压力强度适当时，啮齿动物的学习速度最快；相反，当电击强度过弱或过强时，它们的学习能力就会下降。

换句话说，当存在压力、紧张或惩罚等不适感时，学习效率会提高。

紧张是记忆的绝好时机

"适度紧张记忆术"具体是什么样的呢？

"你参加这次模拟考试么？""我准备得不是很充分，所以这次不想参加了。"这是学生们之间常见的对话。

　　我们一般容易认为模拟考试是对自己现有能力的一次检测，是适应真实考试的一次实际演练。但事实上，如果仅仅为此而参加模拟考试是一种浪费。如前所述，适度紧张会让你的记忆力更加出色。参加模拟考试时有点紧张，但又不像真实考试那么紧张，这样的适度紧张恰到好处。

　　因此，在模拟考试中出现的题目，特别是做错的题目，在考试后最有可能被记住。因此，即使你感觉自己没有做好准备，也应积极参加模拟考试。

　　工作也是如此。在上司问道："你愿意在我们下一次的内部学习小组活动中分享吗？"的时候，你可能会说："我现在忙于各种项目，没有时间准备。对不起。"然后拒绝。然而，这等于放弃了一次绝好的回忆和成长机会。

　　你可能会认为在研讨会上做主持人并不会增加你的薪水，只是被迫多做一份乏味的工作而已。但如果要在众多员工和主管面前分享，就必须阅读资料和文献，进行认真的准备。虽然压力很大，但准备期间阅读的材料和文献会让你记忆深刻。你永远不知道会有什么问题突然向你飞来，如果回答不上来，会非常尴尬。这种压力会激活你的记忆力。因此，分享结束后，你会发现自己成长了很多。

　　在医生的世界里，在学会上做报告是无法避免的。但很多实习医生和新医生都不喜欢在学会上做报告。要在会议上做报告，他们必须收集大约 30～50 篇相关论文，阅读这些论文并牢记要点。此外，该领域的专家医生还会给他们一些尖锐的建议，这给他们带来了很大的压力。然而，奇妙的是，他们在准备会议时阅读过的学术论文，时隔多年后仍然记忆犹新。

在公开场合发表演讲或参加考试或测试是一件令人焦虑和紧张的事情，如果可以，很多人一定会"选择尽量逃避"。然而，正是这些人们不喜欢的活动提供了适度的紧张感，是爆发式地拓展你的知识和经验的绝佳机会。

过度紧张是记忆之敌

在记忆时，适度的紧张和轻微的压力是有益的。然而，过大的压力则会产生截然相反的效果。如前所述，过大的压力不仅会降低记忆和学习的效率，还会导致回忆（即想起）的能力受损。

也许有人在平时的考试中总能取得优异的成绩，但在考试当天却发挥失常，本该记住的知识却完全想不起来。

或者，有人为了演讲排练了很多次，准备得也很充分，但一上台就紧张得无法思考。有的时候，本来应该已经背得滚瓜烂熟的内容却根本想不起来。

在这种极度紧张的状态下，身体会分泌大量的去甲肾上腺素。如果去甲肾上腺素释放过多，工作记忆就会受损。当工作记忆不运转时，思维就会变慢，思考能力随之降低，有时甚至会出现大脑一片空白、什么都想不起来的情况。

无论你多么努力地学习和记忆考试范围，如果你不能完全回忆起所学的知识，那都将是致命的。怎样才能避免这种紧张引起的失忆呢？答案就是**适应和习惯紧张的情况**。

如果你是一名备考的学生，那么在与正式考试相同的环境中进行"模考"是非常有效的。有过多次在与真实考试相同的环境和时间内参加考试的经历，比起毫无相关经历就参加正式考试的人，紧张感会完全不同。

当然如果你不是备考学生，积极地体验紧张情景也是一个好主意。我们最常遇到的紧张情景可能就是在公众场合讲话。

因此，如果有机会当众发言，比如有人要求你就某件事情进行演讲，请务必积极地接受。事实上，这正是适应紧张情景的绝佳机会。你应该主动举手，说"让我来吧"。

两分钟内消除紧张情绪的方法

平时积累相关的适应环境的经验固然很重要，但在考试或演讲的当天仍可能会感到无比紧张。

这个时候，深呼吸会有所帮助。你可能会想，"深呼吸能缓解紧张是理所当然的"，确实，即使是从神经科学的角度来看，深呼吸也被证实有极大的放松作用。

当我们紧张时，呼吸会加快，心跳会加速。你无法控制心跳的速度，但可以控制呼吸的速度：用鼻子深吸一口气，持续五秒钟，然后用鼻子慢慢呼气，持续 20 ~ 30 秒钟。重复三次。通过这一方法就能大幅缓解紧张情绪。

呼吸加快，心跳加速，这是因为交感神经系统占主导地位。交感神经占主导地位时正是紧张的状态。而深呼吸能转换为副交感神经系统占主导，后者是放松神经，能消除紧张。

深呼吸的放松效果是巨大的。在平时养成紧张时深呼吸的习惯再好不过了。否则，如果你真的极度紧张，甚至可能会忘记深呼吸可以缓解紧张。

情绪操控记忆术 ❷
让逆境力量发挥作用！——"火灾现场的蛮力记忆术"

利用被逼入绝境时分泌的脑内化学物质

在暑假的最后一天，孩子们能在一天之内完成几乎没有着手的作业或自由研究，这种经历想必每个人都有过。也许你会想，既然能在一天内完成，为什么不能在暑假的第一天就完成呢？但实际上，无论你多么努力，应该也无法在第一天就完成所有作业。

当被逼得走投无路时，人们会释放出超出自己预期的、超级可怕的力量，这种力量被称为"火灾现场的蛮力"。从神经科学的角度来看，"火灾现场的蛮力"这一说法也绝对是准确的。

人在被逼无奈时，大脑会分泌一种叫作去甲肾上腺素的物质。当去甲肾上腺素释放出来时，注意力和集中力就会增强，从而能够更快地判断事物。与此同时，大脑的大部分功能也会增强，如记忆力、学习能力和执行任务的能力。

同时，当人被逼到绝境时，还会分泌肾上腺素，这会增加肌肉力量、瞬时力量和心肺能力。我听过在火灾中，一个老太太背着衣柜跑了的故事，这绝不是夸大其词。

在紧急情况下，去甲肾上腺素能增强脑力，而肾上腺素能增强体力。

这两种物质的分泌与恐惧、焦虑和紧张密切相关。当原始人遇到凶猛的野兽时，他必须立即决定是战斗还是逃跑，并立即采取行动，否则就会被杀死。从史前时代开始，人们就会在紧要关头分泌去甲肾上腺素和肾上腺素。

有趣的是，当分泌去甲肾上腺素时，不仅能提高注意力和专注力，还能增强记忆力。因此，在走投无路的状态下进行记忆，是一种非常合理而有效的记忆方法。

当商务人士将"火灾现场蛮力记忆术"运用到工作中时，会发生什么呢？很多工作都有截止日期和最后期限。要确保在这些截止日期和期限内完成工作，你自然会展现出"火灾现场的蛮力"，你的工作能力和记忆力也会随之提高。

就拿我来说，总是需要面对截稿期限，并且我是出了名的总是能按期完成任务的作者。有些作者每次临近截稿期限时，总是要求再等一个星期。其实如果不遵守截稿期限，你就无法展示出你的"火灾现场的蛮力"。

如果截稿日期定在 9 月 1 日，但你从一开始就认为如果赶不上截稿日期，可以要求将截稿日期延长一周左右，那么你就不会有紧迫感，因此去甲肾上腺素也不会释放出来。

这样一来，你就无法在截止日期前完成工作，效率也不会高，最终导致一直拖沓懒散地工作。如果你下定决心"我必须在 9 月 1 日提交，一定要在截止日期前完成"，那就能像暑假最后一天完成作业的孩子们一样，表现出巨大的潜能。

情绪操控记忆术 ❸
计时器让工作能力提升 —— "限时记忆术"

设定自己的截止期限，给自己施加适度的压力

尽管有"火灾现场蛮力记忆术"，但可能很多人并不经常有机会与截止期限打交道。在这种情况下，你只需在日常工作中，给自己设定一个截止期限，限时完成任务，就能营造出一种轻紧张的状态。

如果你敢于决定"我必须在一小时内完成这份文件!"，就会促进去甲肾上腺素的释放，提高注意力，使你的工作效率比平时更高。

此外，设定时间限制会让人感觉像在玩游戏，做起来

也会更有趣。以这种方式设定明确的目标还能释放多巴胺，因此你也能从多巴胺的提高注意力和增强记忆力的功效中受益。

加班时，与其说"干完这活我就回家"，不如决定"9点前完成这项工作，确保 9 点前回家"。仅通过这样做，你就能提高工作效率，实现在 9 点前完成可能要到 10 点才能完成的工作，早早回家。

在工作或记忆时，最好设定一个时间限制。

当设定时间限制时，我会使用手机上的计时器应用程序。一旦确定了"一定在 10 分钟内完成！"，就把计时器设置为 10 分钟，然后开始倒计时。感觉像在玩游戏，让完成工作变得有趣。

另外，当我写待办事项清单时，我会为每个事项设定一个时间限制，比如 30 分钟或 60 分钟，或者设定一个结束时间，比如"下午 1 点之前"。

总之，如果不设定结束时间或时间限制，工作就容易变得拖拖拉拉。

过度使用"火灾现场蛮力记忆术"会导致抑郁症？！

分泌去甲肾上腺素时，记忆力、注意力和专注力都会增强，进而提高学习和工作效率。

去甲肾上腺素也是"火灾现场蛮力"的来源。有如此大的益处，人们一定很想每天都依靠去甲肾上腺素的力量。但请务必要小心。如果你每天、每周都忙于应付最后期限，根本没有时间放松，这样不算轻的压力持续了好几个星期……如果这种情况持续下去，你可能会患上抑郁症。

用脑科学术语来说，抑郁症就是缺乏去甲肾上腺素的状态。去甲肾上腺素是一种紧急救援物资，当我们受到压力时会分泌这种物质。如果每天持续使用，便会导致去甲肾上腺素耗竭，这就是抑郁的状态。

在截稿前一周，我也会陷入紧张状态。不过，在完成手稿后，我会尽量休息一到两周，去旅行，让自己转换心情。

工作中有缓有急，张弛有度，才是最高效的方式。

情绪操控记忆术 ④
压力是记忆的劲敌！——"零压力记忆术"

压力过大会降低大脑的大部分功能

短期、适度的压力可以带来类似兴奋剂的紧张效应，改善大脑的各种功能，但是长时间持续的压力会对大脑产生负面影响。

压力过大会损害短期和长期记忆，削弱注意力和学习能力。

简而言之，压力过大会降低大脑的大部分功能。

那么，为什么压力过大会降低记忆力和学习能力呢？

当压力持续存在时，肾上腺皮质会释放一种叫作皮质醇的压力激素。海马体作为记忆的临时存放处，可以实现由短期记忆向长期记忆转化，可谓是记忆的控制中心。海马体中的皮质醇受体数量远远多于大脑的其他部分，这使得海马体非常容易受到压力的影响。

皮质醇会破坏存储记忆的神经元网络，并阻止海马体神经的新生。

压力导致的皮质醇过剩会损害短期记忆、长期记忆甚至学习新知识的功能。

抑郁症患者有时会出现记忆障碍，当治愈后被问及因严重抑郁而停工或住院时的情况时，他们可能什么都不记得了。这说明皮质醇对海马体的负面影响会导致严重的记忆障碍。

压力会破坏脑细胞！

持续时间有限的轻压力会对记忆力产生积极影响，但当压力变成慢性和长期压力时，就会对记忆力产生明显的负面影响。随着压力的增大和持续时间的延长，皮质醇会对海马体造成严重损害。

总之，长期压力会导致海马体细胞死亡。

关于创伤后应激障碍（PTSD）的多项研究都证明了这一点。例如，一项研究比较了居住在仙台市的 37 名大学生在东日本大地震发生前和发生一年后的海马体大小。研究发现，他们右侧海马体的体积缩小了约5%。据此认为，灾难造成的压力导致了海马体神经细胞的死亡。

对美国越战老兵的研究也发现，老兵们的海马体极度萎缩，这被认为是战场上的压力造成的。另外一项针对童年时期遭受虐待者的研究也显示出类似的海马体萎缩现象。

这些都表明，长期压力会杀死海马体细胞，导致海马体萎缩。

虽然这些都是极端情况，但日常压力、工作压力等也会导致皮质醇水平升高。

要想提高记忆力和学习能力，最好在日常的生活中保持零压力的状态，并且能做到有效地释放压力。

情绪操控记忆术 ❺
记忆讨厌一成不变 ——"好奇心记忆术"

从进化论的角度来看，以好奇心和求知欲行事是正确的

午休时间外出就餐时，你是哪种类型的人呢？是去一直光顾的餐厅吃固定的套餐，还是如果有新餐厅开业，肯定会去试吃一下？

发现新餐厅就去尝试的人，是具有挑战精神的，可以说这类人的记忆力会更好。

我就是这样一个会去试新的人，只要在我的生活半径内发现一家新店，我就会迫不及待地去试试。如果我听说家附近新开了一家店，通常会在一周内去那家店尝试。如果问我"为什么？"我也不清楚，我猜是好奇心的驱使吧。

事实上，好奇心能增强记忆力，而一成不变则会导致记忆力减退。好奇心是一种与记忆密切相关的情绪。

为什么好奇心有增强记忆的作用呢？

例如，当你吃午饭时，去一家从未去过的餐馆，或者尝试了经常去的餐厅的一些从未吃过的菜品。当你这样做时，海马体会发出一种叫作 θ 波的脑电波。当海马体发出 θ 波时，记忆力就会增强。θ 波是海马体发挥最佳记忆力的波频。

如果在平时的生活中充满好奇和探索欲，海马体就更有可能发出 θ 波，从而增强记忆力。

生物第一次离开自己的领地，来到一个新的地方，或者第一次遇到外敌时，它必须清楚地记住这些新的地方和情况，以避免今后遇到危险。不仅是人类，所有生物都必须"跟平常相比，能更清楚地记住新情况"，否则就会被敌人杀死。

换句话说，作为一种进化特性，我们的大脑具有更容易记住新场景的特性。

在日常生活中，乐于尝试新事物，相信自己的好奇心，并试着追随自己的好奇心去行动，这是改善记忆力的重要生活习惯。

情绪操控记忆术 ❻
转移位置就能激活海马体 ——"咖啡馆工作记忆术"

将获得诺贝尔奖的成果应用于工作中

一整个上午都在写作，下午 2 点左右出去吃午饭，然后直接写作两个小时。之后，再换一家咖啡馆，继续写作几个小时……这就是我的写作风格。

通常情况下，在集中精力写作三个小时后，我会感到疲惫，而无法继续，但通过换一个工作地点，我可以重新集中精力，这样就可以再连续写作几个小时。

当你去咖啡馆时，肯定会看到学生们翻开课本和题本学习的场景。事实上，仅仅是去咖啡馆学习就能有效提高记忆力。

去咖啡馆有助于更好地工作，提高记忆力……这是因为换个环境会激活海马体。

海马体是大脑中与记忆、学习和信息处理密切相关的部分。海马体中有位置细胞，只要从一个地方移动到另一个地方，就会刺激这些位置细胞并产生 θ 波。如前所述，θ 波是增强记忆的波频。

这意味着，只要换个环境，就能激活海马体，改善记忆，提高学习和工作效率。

这一惊人的发现具有划时代的意义，发现位置细胞的约翰·奥基夫博士及其合作者因此获得了 2014 年诺贝尔生理学和医学奖。

去买一罐咖啡就能提升记忆力？！

刺激位置细胞的最好方法就是像我一样，去不同的咖啡馆或其他地方来改变工作场所，当然这对于在办公室办公桌前工作的上班族来说并不容易实现。

对于需要坐在办公桌前工作的你来说，只要离开办公桌，去休息室的自动售货机买罐咖啡，再回到办公桌，就能激活位置细胞。

你也可以选择去空着的会议室办公桌工作，或者走动时，试着用楼梯代替电梯。在房间里绕圈走也有帮助。去洗手间也是一个好主意。

即使是一个很小的位置变化也能激活海马体。

位置细胞仅仅通过改变位置就能受到刺激，不过，输入的信息量越大，刺激就越强烈。因此，在室外行走比在室内行走更好。此外，去从未去过的地方或对自己来说陌生的地方效果更好。

如上所述，在一家新开业的餐厅吃午饭，无论是从好奇心的角度，还是从位置细胞的角度，都是激活海马体的好方法。另外，旅行也是一种巨大的刺激，它能让我们不断看到从未见过的风景。

海马体讨厌一成不变。

长时间在同一个地方做同一种工作，会大大降低记忆效率、学习效率和工作效率。

情绪操控记忆术 ❼
乐在其中时，记忆会变得更容易 ——"快乐记忆术"

快乐这一情绪能增强记忆力

你认为学习不好的最大原因是什么？脑子不好用、记忆力不好……这些都是完全错误的认识。

事实上，智商是可以在出生后甚至 20 岁以后提高的，所以"我天生就太笨，不适合学习"只不过是一个借口罢了。实际上，学习不好最大的原因是不喜欢学习。

也许有人会想："这个因果关系反了吧？是因为学习不好，所以才不喜欢学习吧。"其实并不是这样的。

如果是不情不愿地学习，就记不住。如果是开开心心地学习，就能更好地记住。学习不好的人一般都是在不情愿的状态下学习。这就是为什么他们无论如何学习都记不住，无论如何努力，成绩都不会提高的原因。

在《遗忘的脑科学》一书中，介绍了一项利用阅读跨度测试进行的实验。该实验要求被试在阅读文章时记忆单词。被试被要求阅读一个积极的段落、一个消极的段落和一个中立的段落，并记住每个段落中包含的单词。在间隔一段时间之后，测试对每个段落中单词的记忆程度时，被试对积极段落中的单词记忆最为深刻。积极的段落会唤起愉悦的情绪。这种愉悦的情绪实际上会增强记忆力。

当我们感受到开心时，多巴胺就会释放出来。同样，多巴胺也能增强记忆力。另一方面，当我们感到沮丧或痛苦时，压力激素皮质醇就会释放出来。虽然极少量的皮质醇有增强记忆的作用，但如果我们每天都经历痛苦和难受，它就会对海马体产生负面影响，导致记忆力衰退。

假设有两个智商相同的人：A 特别喜欢学习；B 讨厌学习。现在，我们要求这两个人背诵一组 50 个单词。谁的成绩会更好呢？

A 特别喜欢学习，背单词对他来说是一种愉悦的体验。

B 非常讨厌学习，背单词对他来说是一种痛苦。

哪个人会取得更好的成绩呢？答案不言而喻。

快乐比聪明对于记忆要重要若干倍。因此，请务必不要不情不愿地学习。只要"愉快"地学习，我们就会得到多巴胺的支援，从而提升记忆力。

变聪明是可能的，但很难一蹴而就，不是一朝一夕就能实现的。不过，快乐学习，也许你从今天就可以开始。

把不爱学习变成爱学习的方法

让学习变得有趣的方法之一，就是把学习变成一种游戏，实践前文提到的"限时记忆术"或"对战成绩记忆术"等学习方法。

另外，每个人都有优势科目和弱势科目。乍一看，将弱势科目的成绩从 50 分提升至 70 分，似乎比将优势科目的成绩从 80 分提升到 90 分更容易。学校老师也都会推荐这种克服短板的策略。但是，如果让一个讨厌学习的人只做他/她讨厌的科目，最终他/她会更加讨厌学习。

喜欢学习的人应该从克服短板着手，而不喜欢学习的人应该从发展长板着手。讨厌学习的人应该先在自己擅长的科目上下功夫，体验学习的乐趣。即使不喜欢学习，学自己擅长的科目时也不会感觉那么痛苦。这会给他们带来自信，让他们觉得学习是一件有趣的事情，进而产生"也去挑战一下不擅长的科目吧！"的想法。如果能这样想，那么就成功了。

当不情不愿地学习变成快乐学习时，多巴胺就会开始释放。这会增强记忆力，提高学习成绩。

让学习充满乐趣！只要充满乐趣，记忆力就会显著提高，也会越来越喜欢学习。你一定会开启螺旋式上升的模式，在快乐中提高记忆力和成绩。

只要快乐学习，你就能不费力地记忆。这就是"快乐记忆术"。

删除不幸的记忆，用幸福的记忆来覆盖——"植入记忆术"

记忆可以操控？！电影《盗梦空间》的冲击

莱昂纳多·迪卡普里奥主演的电影《盗梦空间》对我

产生了强烈的冲击。故事讲述了入侵到梦境中，改写记忆
的情节。虽然这是一个科幻故事，但实际上植入记忆并非
不可能。

我们每天都在选择自己更想保留的记忆，并自己改写
记忆。

以学校里的同学为例。被霸凌的学生可能终其一生都
不会忘记被欺负的经历，但霸凌的一方却很快就会忘记。
与其相反的是，有些人可能童年时期遭受过家庭暴力，但
成年后却完全不记得了。就像这样，我们的记忆按照自己
想要的方向被加工处理了。

我们可以自己选择自己的记忆。我们可以自由自在地
覆盖或删除我们的记忆。

如果你的记忆中充满了快乐，那就是幸福快乐的人
生；如果记忆中充满了痛苦和伤害，那就构成了不幸福的
人生。

即使我们过着完全相同的生活，根据我们记忆中保留
的经历不同，有些人会觉得人生很快乐，有些人则会不
快乐。

重要的是，我们可以选择自己的记忆，这意味着我们

可以选择自己的生活。你会选择幸福人生还是不幸的人生？在本章的最后，我将向你展示如何改写自己的记忆，即"植入记忆术"。

幸福人生和不幸的人生，你会选择哪一种？

在幸福人生和不幸的人生中二选一，应该没有人选择后者。但现实生活中，有些人却不自觉地选择了不幸的人生。直言不讳地说，这些人就是精神疾病患者。他们在不知不觉中给自己植入了痛苦不堪的经历。当他们回顾过去时，满脑子都是糟糕的记忆，根本记不起任何令自己愉快的事情。这样的状态，无疑会导致疾病的产生。

当病人时隔两周后来到门诊时，他们往往会拼命地讲述过去两周内自己如何状态不佳，如何饱受痛苦，以及出现了哪些令人难受的症状。很多人认为，能真诚倾听病人疾苦的医生就是好医生，其实不然。

如果只以倾听病人痛苦的倾诉来结束问诊，就等于让病人给自己植入更多的痛苦的经历。一味地倾听病人的诉说，甚至有可能导致病人的病情进一步恶化。

在问诊过程中，我也会先倾听病人的痛苦诉说。不过，相关的话题肯定是要适可而止的。我会询问他们在过去的两周内，"在哪些方面感觉状态好""取得了什么新成果"
"与过去相比有哪些改善"等。另外，我还会鼓励患者畅谈
快乐的体验。最后，我会用这样的话来结束这部分谈话：
"你的症状似乎在逐渐改善，而且正在一点一点地好转呢。"

病人通过语言表达出自己的痛苦经历。如前所述，语
言表达会加强记忆。因此，如果你一味地倾听病人诉说痛
苦的故事，最终就相当于在患者脑中植入"我生病了""我
的状态很不好"或"我的病情没有任何好转"的想法。

因此，当听到病人讲述痛苦经历时，我会试图引导患
者更多地回忆起那些愉快的经历。这样，他们就能笑容满
面地离开诊室，并在心中加深"我感觉好多了""本周我的
痛苦症状出奇地少"和"我的病正在逐渐好转"的印象。

向朋友倾诉，并不能治愈失恋创伤的真正原因

我经常在咖啡馆工作，在那里听到了各种各样的人的
故事。其中最常听见的就包括女性失恋的事。一位女士因
为男朋友突然提出分手而伤心欲绝，于是向朋友倾诉了她
的故事。他们就这一件事聊了将近两个小时，当然，他们
是不可能得出结论的。

这位倾诉的女士离开咖啡馆时，脸上露出了神清气爽

的表情。她现在的压力可能会完全消失，但第二天她可能会把同样的故事讲给另一个朋友听。

谈论她的痛苦经历对她的精神有帮助，这是一种压力缓解剂。很多人也应该都是这么想的。他们认为，向朋友倾诉自己心碎的经历应该会让自己感觉好些，并治愈自己的情感创伤。遗憾的是，事实并非如此。

今天，告诉 A 你失恋的经历。

三天后，告诉 B 同样的心碎故事。

下周，再次向 C 讲述自己失恋的故事。

请回忆一下"137 记忆术"，就是在一周内复习三次会保留记忆的技巧。向你的朋友讲述你失去的爱情本身就是一次复习。在这位女士的案例中，因为她恰巧是在"137记忆术"的准确时机告诉朋友的，所以她会在很长一段时间内完整、生动、形象地记住自己失恋的过程。这样，失恋的悲伤就不会那么容易忘记了。

许多女性都很健谈，她们往往在换了一个交谈对象后，又一遍地重复同一个故事，数次循环往复。她们可能认为自己是在释放压力，但这完全是适得其反。

这就像把刀子插进自己内心的伤口，把它拔出来，在伤口开始愈合时，又去搅和伤口。这与释放压力完全背道而驰。其实是在植入悲伤的经历。

释放压力的绝佳策略——"一次性忘却法"

坦白痛苦经历并不能真正释放压力。那我们应该如何有效地应对呢？

在日常生活中，我们经常会遇到想通过倾诉来缓解压力的情况，比如遭遇失恋、工作上的失败等。在这种情况下，我建议大家尽量"只说一次，说完就忘"。

如果你今天在工作中犯了严重的错误，你可以和同事一起出去喝一杯，彻底谈谈，一吐为快，发泄压力。然后，尽量彻底忘掉这段经历，千万不要在第二天重提这件事。喝一次酒，彻底释放压力，然后就此终结这件事。

"借酒消愁"也是有一定道理的。酒精是一种会损害记忆力的饮品，因此需要谨慎使用。不过，在谈论糟糕的经历时，酒精的存在确实会起到削减记忆效果的作用。简单地说，这意味着即使你一吐为快，彻底地说出来，酒精也会降低这段经历被深刻记住的风险。

借助酒精的帮助，一次性痛快地讲述糟糕的经历，然后努力将这件事忘得一干二净。只谈一次，忘得一干二净。我称之为"一次性忘却法"。这种方法非常有效，但你需要养成定期"一次性忘记"的习惯，这样才能收到真正的效果。

使用社交网络提升幸福感的方法

前面我们谈论了如何干净利落地忘掉不好的记忆，那么，有没有特别有效的方法来植入快乐的记忆呢？

答案就是在社交网站上分享今天发生的开心事！如果你也有社交媒体的账号，可能已经在实践中了。无论是和朋友一起开心地聚餐的美食照片，还是旅行中遇见的美丽风景……不一定要是特别震撼的情感体验，一些"小确幸"就足够了。

貌似现在很多人在社交网站上看到别人发布的快乐的投稿或晒幸福的帖子时，都会觉得莫名生气。面对成功人士或快乐的人的帖子时，人们的反应大致分成两种："恭喜你，太棒了"和"羡慕嫉妒恨"。

仅在日本，比你幸福、比你成功、比你收入高、比你干得好的人可能就有数千万。如果你每次遇到这样的人或看到他们的帖子都感到"羡慕嫉妒恨"，那么在余生中，你将被这种负面情绪支配成千上万次。

那种能说出"恭喜你，太棒了！"的人，基本都是对帖主怀有尊重之情的。他们会自然而然地产生学习做得好的人的想法，因此会不自觉地模仿，以这些人为榜样，越来越接近那些优秀的人。

而处于"羡慕嫉妒恨"模式中的人，在心理上已经上了一把锁，所以他们根本不可能愿意向对方学习，而是选择把精力无效地花费在拖累对方上。网上的冷嘲热讽就是如此。这种行为根本不会带来成长，也就永远无法摆脱目前的处境。

特别喜欢诽谤、诋毁、抱怨、发差评的人，通过每天发布这样的帖子来培养自己作为负面收集者的才能，他们只会看到消极的东西。如果把注意力集中在别人的不幸上，你就会因此成为寻找自己不幸的高手。

想象一下，最近一周内发生了五件愉快的事和五件痛苦的事。

对你来说，这是幸福快乐的一周吗？

关注快乐事件的人会觉得"度过了无比快乐的一周"。

关注痛苦事件的人会觉得"这是非常不快乐的一周"。

那些每天在社交网站上发布一件快乐的事的人会成为寻找快乐的高手，享受快乐的生活。而那些每天在社交网站上发布一次"诽谤、中伤、抱怨和坏话"的人会成为寻找痛苦的高手，他们会想"为什么我的生活如此艰难"。

　　只要在社交网站上分享今天发生的一件愉快的事情，就能给自己植入积极的记忆。养成这个习惯后，你的思维和行为方式也会发生积极的变化。

　　社交网络对每个人来说都是同一个系统，但根据你发布的内容不同，你从中得到的结果也会有 180 度的变化。下一章将进一步讲述如何利用社交网络积极地改变你的生活。

第 5 章

获得无限的记忆
——精神科医生的"社交记忆术"

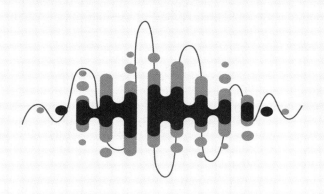

不要局限于大脑记忆，让记忆无限化 —— "记忆外化策略" 与 "社交记忆术"

利用互联网信息，就像利用大脑中的信息一样

押井守执导的电影《攻壳机动队》(*Ghost In The Shell*)，改编自士郎正宗的漫画，描绘了一个近未来的世界。在那个世界里，人类已实现电脑化，在脖子后面有一个"插头"，可以直接与网络连接，处理大量信息，没有任何延迟。换句话说，他们可以像处理自己大脑中的信息一样处理互联网上的信息。

当我观看这部电影时，不禁惊叹："太厉害了！"毕竟，这部电影是 1995 年上映的。这一年也是个人电脑开始普及的元年，Windows95 正式推出。更值得一提的是，原著故事发表于 1989 年。在互联网尚未普及的年代，这样的设定着实令人震惊。

在大约 30 年后的今天,《攻壳机动队》描绘的世界几乎已经成为现实。我们拥有一个名为智能手机的插头,让我们得以 24 小时随时访问互联网信息,无论我们是在公交车和地铁上,还是在走路或身处洗手间。

尽管我们的大脑没有直接插上插头,但是可以随时访问互联网上的信息,并像处理自己大脑中的信息一样自由地处理这些信息。从这个角度来说,《攻壳机动队》描绘的世界几乎已经实现。

如果我们能像利用自己大脑中的信息一样利用互联网上的信息,那么事实上,我们的记忆力几乎也变得无限。本章将以 "记忆外化策略" 和 "社交记忆术" 为基础,向你展示如何利用这种电脑化的记忆。

记忆即是能想起

前文提及我们会忘记 99% 的信息,但如果有合适的触发点,我们可以回忆起很多事。

打开一本旧相册,回顾几十年前的照片。你可能会立刻想起:"这张照片是在我高中的暑假里拍的!"

人类的记忆中,想起(回忆起来)这一环节很容易受损,但记忆本身却会在大脑深处保留很长时间。

如果你有一个唤起记忆的触发器，即记忆索引，就能很容易地回忆起相关的事情。相册中的一张照片、以前写的书评、备忘录或笔记本……都是非常好的记忆索引。

记忆包括三个过程：记忆（编码）、保持（存储）和回忆（检索）。

对于记忆来说，回忆非常重要。能够回忆起来意味着你记住了。无论你记住或保持了多少信息，如果在关键时刻，如考试时，你不能想起，就不能说你已经记住了这些信息。

一年前读过的书中的内容，你可能一时无法回答出来。但是，如果你能翻阅以前的读后感，并能立即回忆起细节，这实际上就等同于记住了这些内容。

如果信息可以在瞬间被检索、被想起，那么信息储存在脑外还是脑内，实际上并没有什么区别。

如果拥有互联网的环境，比如智能手机或电脑，我们就可以在 15 秒或者 30 秒钟内通过搜索功能获取大量信息。

在现代，我们的大脑也以同样的方式与互联网相连。在这种情况下，花费大量时间和精力去记忆，即在大脑中存储信息，又有多大意义呢？

除了考试和测验等禁止作弊的特别情况外，几乎在所有的商业场合，脑外记忆都不会带来困扰。

大脑记忆的时代已经结束。与其记忆，不如记录！

在社交网站和互联网上记录信息，并将其当作自己的记忆来使用的时代已经来临。那些固守传统大脑记忆观念的人终究会被时代抛弃。下文将介绍五种不依赖大脑记忆，实现外化记忆的策略。

记忆外化策略 ❶
优先记录自己的感悟！

记忆能搜到的东西，便是时间和精力的浪费

有些人或许会说："有任何不懂的，只要上网搜索一下就能找到。"但这种说法并不全面。网上也有搜索不到的东西，比如你的个人经历和从中获得的独特发现。

试想，你只是读了一本书，并未做其他任何事情，但你的感想却意外地出现在了互联网上，这就很可怕。关于一本书，在互联网上可以找到大致的描述、摘要和目录。但你读完这本书后的个人感想、你的独特发现，除非你亲

自写出来，否则它们永远不会出现在网上。

在这个几乎任何信息都可以通过搜索找到的时代，你不需要记住信息本身，比如书中的具体内容、年份或统计数字等。但你需要记录下你的感想和领悟，否则三个月、半年甚至一年后，它们就会从你的记忆中消失。

或许有人感到迷茫，不知道在网上应该写些什么。其实，你可以写别人无法复制的内容：你自己的经历、你的亲身体验以及你从中获得的深刻感悟。这些是你独有的、无法被搜索到的宝贵财富。

以这种方式记录你的发现，会引发爆炸性的个人成长。相反，如果你忘记了这些感悟，那么无论你读过多少好书，有过多少奇妙的经历，它们都不会对你的个人成长产生任何实质性的帮助。

当提到记忆力或记忆术这样的词汇时，大多数人可能会立刻联想到如何背诵教科书和参考书，如何死记硬背。然而，毫不夸张地说，对于可以"作弊"的在职成年人来说，这些传统的记忆技巧并不是必需的。

真正重要的是，你能记住多少自己独特的经历，多少自己深刻的感悟，并把它们作为自己成长的养分、自己的血肉。

你的记忆力应该被更全面地调动起来，而做到这一点的方法就是促进经历、体验和领悟的 "外化"。死记硬背那些可以在瞬间检索到的一般性内容，是对时间和大脑性能的极大浪费。

记忆外化策略 ❷
只需记录，便可唤醒记忆

1 年后也能 100％记住 "领悟" 的方法

记忆是非常暧昧而含糊的。当你读完一本书一个月后，还能记得多少内容呢？在半年或一年后，你又有多大把握记住它？事实上，你在阅读后当即领悟到的，可能有 90％以上会丢失。你花了几个小时读一本书，却丢失了超过 90％的内容。这无疑是一种极为低效的学习方式。

实际上，有一种方法可以帮助你将阅读一本书后的 100％的领悟保存在记忆中。人脑的机制决定我们会遗忘掉输入的 99％的内容，所以要 100％记住似乎是不可能的。

但这并非不可能，而且非常容易做到。

一言以蔽之，你要做的就是记录。

在阅读的过程中，不妨在空白处画线和做笔记，记下你注意到的一切。或者，当你读完一本书后，立即在笔记本上涂写，记下所有的感悟、感想和灵感。最后，把这些都总结写下来。如果你已经完成了这一步，那么你应该已经写下了一份感想，其中包含了你从这本书中获得的 100% 的关键领悟。

现在，假设一年时间已经过去了，回想一下这本书吧。你可能无法立即回想起所有的细节，但是，如果你重读自己当时写下的感想，就会很快想起这本书的内容。因为那些感悟已经转化成了书面化的文章，你可以很容易地回忆起从书中获得的各种感悟。

没有人会在读了自己一年前写的读书感想后说："我不记得读过这本书，也不记得写过这篇文字!"

记忆外化策略 ❸
不断地将想法和领悟外化，一鼓作气地记住

永久保存在记忆中的方法

将你的经历、感悟和想法记录在外部媒介上，而非仅仅留在你的头脑中。

当我想寻找一个合适的词来描述这一过程时，我发现了元认知术语中的外化一词。

外化是指通过写作、文字、图表和插图等外部方式，将自己的思想和想法具体地表现出来。

元认知，即认识认知，是指认识自己的认知活动本身。能够客观地审视自己的思考过程的能力被称为元认知能力。这种能力是独立解决问题和完成任务的重要能力。

外化是认识自我的必要条件。

一旦你把自己的想法从脑海中释放出来，记录并表达出来，你就可以更加客观地看待自己的想法。

请坚持不断地记下你的想法、观点、领悟和思索。无论是看书、看电影还是旅行，都写下你的感悟，记录你的经历。这就是外化。

它类似于本书中提到的输出，但也有区别。因为也有不被记录的输出，比如言语。输出并记录才是外化，所以输出和外化是不一样的。

本章的重点用一句话总结，就是 "外化可以保持记忆"。

外化的六大不可估量的好处

实现记忆的外化，有哪些好处呢？

（1）你可以客观地把握自己在想什么。

（2）你可以根据自己的想法调整自己的行为。

（3）你可以对自己的想法提供反馈，从而促进个人成长。

（4）让别人理解你在想什么。

（5）可以与他人进行交流并产生共鸣。

（6）你可以实际存储和保存你的想法。换句话说，它们会被牢牢记住。

通过促进外化，你会加深自我洞察和自我成长，同时也会得到他人的理解和共鸣。此外，你的思想和经历体验会深深地烙印在自己的记忆中。这简直是一件超级无敌的好事。

重要的是，无论你有多么伟大的思想和想法，也无论你有多么丰富的经验和知识，只要你不外化它们，即只要你不告诉任何人，只把它们留给自己，就没有人会理解它们或欣赏它们。

而且，无论你有多么伟大的想法，也无论你有多么宝贵的经验，如果你只把它们放在脑子里，关于它们的记忆就会逐渐退化，最终你可能会忘记 99% 的内容。

相反，将你的伟大思想、想法、原创经验和知识外化，不仅可以加速个人成长，还能获得他人的认可。

记忆外化策略 ④
将社交网络作为第二大脑

可以在 30 秒内回答所有问题？！

我几乎每天都会更新我的 YouTube 频道 "精神科医生桦沢紫苑的桦频道"。每个视频大约五分钟，我已经坚持了 10 多年的时间，每天都在更新，至今已累计上传了 6000 多个视频。

我有时会邀请观众进入拍摄现场。这是因为有人在听的时候，我说话会变得更自然和容易。当然，这也是因为我的拍摄形式是让参与者提问，我当场回答问题。参加过我的 YouTube 视频拍摄的人，无一例外都会感到惊讶。

当观众向我提问时，我会不犹豫地开始拍摄视频。视频基本上是一镜到底，没有重拍。在短短几秒钟的时间里，我就会以惊人的速度在脑中构筑起我要在五分钟视频里讲的内容，可以瞬时讲出起承转合的内容来。

在短短几秒钟内，在毫无准备的情况下，我能回答出各种问题。人们看到这一幕似乎都很惊讶，但其实说穿了，也没那么神奇。

参与者被要求当场提出问题，他们基本不可能问出我从未听过的问题。问题、疑虑和担忧是有规律可循的，每个人都因同类的问题而苦恼着。

我在互联网上发布信息已经有 25 年多了，仅邮件杂志就发表了 6000 多篇，我还每天在 Facebook 上撰写文章。如果算上网站上的文章，我应该大概写了 1 万多篇文章了。

也就是说，我就 1 万个不同的主题撰写了文章。可以毫不忌讳地说，我可以回答 1 万个问题。这就相当于我的大脑中建成了一个包含 1 万个问答的数据库。

让社交网络成为外置硬盘

当参加者向我提问时，我会在脑海中判定"这个问题是我以前听过的"，然后开启搜索模式。答案通常会出现在我大脑数据库的搜索结果中，比如"这是我以前在邮件杂志中写过的"或"这是我以前出版的一本书中写过的"。

由于是已经写好并总结过一次的内容，因此很容易在五分钟内对其进行概括和讲述。原稿其实已经准备好了。

有些人可能会想："你的记忆力也太好了吧，能记住所有 1 万个数据库项目！"但我平时根本意识不到这一点。我觉得说我 "健忘" 更恰当。实际上参与者的提问就像一个记忆索引，可以调出与之相关的过去的内容。

还有一点很重要，所有这些内容都以书面形式上传到了网络上。只不过我并不需要去网络上搜索、查看，然后再拍摄视频的内容。

不可思议的是，如果是我自己写的文章，我只需三秒钟就能回忆起来。只要我想起这是 "三个月前在邮件杂志中写的内容"，它就会清晰地浮现在我的脑海中，就像电脑上弹出的搜索结果一样。

在一瞬间想起网络上的内容。你能做到这一点，是因为你把内容放到了网上。

为什么把内容放到网上就能记住呢？下面我将解释如何撰写和发布令人难忘的网络内容。

在社交网站上过往撰写的网络内容，就像直接连接到大脑的外置硬盘一样，可以没有时差地随手拿来用。这意味着你可以把社交网站和互联网内容当作"第二大脑"来使用。

记忆外化策略 ❺
如果不知道，就查一查吧

上班族应该更多地利用"作弊"策略！

在学生时代，无论是中考、高考还是期中和期末考试，我们都要靠记忆力，凭借自己的力量去解题。如果在考试时查看课本或其他材料，这属于作弊，会受到严厉的处罚。

但在进入社会，成为上班族后，那种不允许看任何书本或资料、必须完全凭记忆解题的情景少之又少。有些上班族也可能会参加晋升或资格考试，但在日常工作中，他们完全可以翻看或查看任何资料。可以说，上班族的规则就是"作弊自由"。

学生时代，我也有过作弊的冲动！但一进入职场，就完全忘了这回事。

"为什么不看工作手册？"

"你最起码应该在书上查查这些基本知识!"

"你根本没看我昨天发的材料!"

"如果有不懂的地方,先在网上搜索一下!"

也许每个职场人都因为没有阅读手册、书籍、文件和网站而挨过批评吧。

人是任性的生物。如果被告知 "不允许看参考书",反而会想看;但如果被告知 "允许看任何参考书或资料",又马上就不看了。

如果记忆力差,学习成绩也不好,其实完全不用担心。对于上班族来说,背诵能力和记忆力很少被需要。因为如果有不懂的地方,可以直接查一查。

上班族是 "作弊自由" 的!难道我们不应该更多地利用这一美妙的特权吗?

抓住突然机遇的必杀技——"料理的铁人理论"

当被告知 "如何查询都可以" 或 "看什么都可以" 时,大多数人都会感到迷茫,不知道应该参照什么,甚至会犹豫在搜索窗口输入什么关键词。

那些平时没有经常上网查资料或阅读习惯的人,更是不知道在网上哪里可以找到自己想要的信息，也不清楚信息藏在一本书的哪一页，甚至不知道哪本书里会有相关的信息。

说实话，当别人委托你之后，你才开始研究和搜索，为时已晚。

优秀的工作者总是有备而来。他们会做哪些准备呢？答案就是在脑中构建一个"厨房竞技场"。

正如我在《阅读脑》一书中所阐述的，"料理的铁人理论"认为，一个人的成功与其说取决于他或她有多聪明、记忆力有多好，不如说取决于"是否构建了一个厨房竞技场"。这是一个重要的诀窍，因此在本书中我也简要介绍一下。

以前有一个节目叫《料理的铁人》。在这个节目中，以厨房竞技场为舞台，"料理的铁人"（如道场六三郎和陈健一）与挑战者们使用当天的主题食材烹饪菜肴，进行比赛。

从厨房竞技场的后方望去，可以看到肉类、海鲜和蔬菜等最好最新鲜的食材一字排开。这些食材摆放得整齐美观，让人一眼就能认出。随着开场鼓声的响起，厨师们在不到一分钟的时间内就迅速收集好了各自菜肴所需的食材。

在工作中，如果你的老板突然对你说："你能不能在明
天之前把这些文件整理好？"但为了整理好这些文件，你需
要研究和阅读相关的文件和书籍。这时你会怎么做？是在
得到老板的指示后，才开始收集必要的材料和信息，甚至
网购所缺的材料吗？如果这样的话，恐怕你不可能在明天
的最后期限之前完成任务。

因此，平时就应该在脑中准备好一个 "厨房竞技场"。
如果在得到工作机会后才开始收集信息，那就太晚了。

在日常生活中，我们必须将大量有关工作和专长的知
识和信息在脑中整理好，以备随时检索和调用。

如果有想做的工作，请做好万全准备

我曾经参加过一个关于睡眠时间的辩论节目。有一天，
我突然收到一封邮件，问我是否愿意参加，而且告知录制
时间就在两天之后。

收到邮件的第二天和录制当天，我的日程都排得满满
的，但我还是挤出时间，决定参加这次辩论节目。然而，由
于工作太忙，我实际上只有在录制前一天才有三个小时的准
备时间。在这宝贵的三个小时里，我阅读了对手的作品，研
究了如何用有力的论据来驳斥对方的观点，选定了二十几个

可能会引起争议的话题，并把它们以问答的形式整理出来。

辩论的结果如何呢？我的立场是"短时间睡眠绝对不可取"。从结论来看是我大获全胜（不过实际上节目经过剪辑，我仅以微弱优势获胜）。

那么，是什么让我仅用三个小时就能做出如此精心的准备呢？又是什么让我在辩论中表现得如此令人信服呢？

那是因为我日常在脑海中已经完善地构建了一个关于"睡眠"的"厨房竞技场"。否则，我不可能在几乎毫无准备的情况下就勇敢地出现在辩论节目中。顺便说一句，我其实是代替另一位医生出场的，他因为临时有事无法参加节目。我的对手早就做好了准备，正常情况下，如果我硬要上场，肯定会被打得落花流水，而且会非常尴尬。

作为一名精神科医生，我在大学时曾就睡眠、抑郁、预防自杀和痴呆症等问题进行过深入研究，并撰写过论文。作为我的专业领域，我至今仍然大量阅读相关书籍和该领域的最新论文。我在平时就一直保持着这样的知识水平，助力我在与活跃在一线的精神科医生、神经科学家和该领域的专家讨论时，能够游刃有余，不被击败。

我现在能够写这本书，也是因为我在研究痴呆症时阅读了大量有关记忆的书籍和论文。我在这四个领域构建了

坚实的 "厨房竞技场"，所以可以应对突然的电视节目演出和撰写手稿等工作。

正因为有了这样的准备基础，我在上电视时可以毫不尴尬地发表评论，反过来，这也吸引来了电视台的更多演出委托。

如果你有想做的工作，你不应该在它来临时才着手做准备，而是应该提前做好万全的准备，达到现在就能完美完成的程度。

这就是构建厨房竞技场的真正含义。

充分利用社交网络进行记忆和记录 —— "社交记忆术"

社交网络记忆技巧

我们已经讨论过如何通过纸质媒介（如笔记本或记事本）积极地将个人的体验、经历、领悟、创意等进行外化。

现在，我们将进一步讨论利用互联网和社交网络进行记忆外化的方法。

社交记忆技术 ❶
写日记是训练记忆力的好方法 ——"日记记忆术"

每天都能乐享的记忆训练

在社交网站上，很多人其实已经在进行记忆训练，那就是将当天发生的事情记录在日记中。

写日记的过程，就是一边回顾和回忆当天发生的事件、感受和想法，一边将它们写出来。这个过程其实是一种回忆训练，可以激活大脑。写日记也是被用作预防痴呆症的训练方法。

写日记意味着"书写、整理和总结"。正如我们前文已经讨论过的，"整理和总结""用语言表达"和"故事化"是记忆保持的重要促进因素。

在社交网站上写日记，意味着你写的内容至少要具备一定的文章结构，即使篇幅短小，也不应仅仅是简单的笔记或要点罗列，因为你的文字是要展示给他人阅读的。

换句话说，日记里包含着经历的时间、地点、人物和事件内容，这恰巧就是 "故事化" 本身。

你每天所经历的事情会被大脑存储为情景记忆，但并不是每天发生的所有事情都会作为情景记忆被保存下来。通过用文字总结自己所选择的难忘事件，你可以对这些情景进行回顾和复习，从而加深记忆。当然，日后回读日记时也会产生复习效果。

因此，写日记本身就具有记忆训练的效果。

以日记形式总结出来的情景会让人记忆深刻，哪怕忘记了，当你回读日记时也能立刻回忆起来。

只要写积极的日记，你就会感到快乐！

日记还有另一个神奇的效果。

美国杨百翰大学（Brigham Young University）进行的一项实验表明，只要写积极的日记，就能让人更快乐。

这项实验持续了四周的时间，实验对象被分为两组：一组只记录当天发生的积极事件，而另一组则记录当天发生的各种事件。

结果显示，只记录当天积极事件的一组，比记录当天各种事件的一组幸福感和生活满意度都更高。

写积极的内容更有可能增加幸福感，这就是为什么在社交网络日记中最好把重点放在记录积极的事情上。

有些人可能会认为日常生活中很少有好玩或有趣的事情，但通过写积极的日记，可以培养自己在日常生活中发现好玩或有趣事情的敏感性。

写两天前的日记可以预防痴呆症！

预防痴呆症的常见方法之一就是写两天前的日记。

两天前，也就是经历了两次睡眠之前，暂时储存在海马体中的信息会变得非常薄弱，开始逐渐被遗忘。

回忆起今天发生的事情很容易，但要回忆起两天前发生事情的细节就比较困难了。这正是写日记成为一项很好的记忆训练的原因。

坚持记录两天前发生的事情可能比每天写日记更具挑战性。不过，在社交网站上写日记的效果几乎可以与写两天前的日记相媲美。

虽然我尝试在社交网站上以日记的形式记录每天发生的事情，但有时会因为太忙而无法在当天发布。在这种情况下，我就会在事情发生的两三天后发布文章。因此，我以正常的方式在社交网站上轻松发布日记，只是有时会更新得比较晚，但这样几乎可以获得与写两天前的日记相同的效果。

社交记忆术 ❷
社交网站是自动回顾装置 —— "时间轴记忆术"

在社交网站上发布信息具有 "一周内复习三次" 的效果

为什么在社交网站上发帖特别适合外化记忆？为什么在社交网站上发帖会让人更加难忘？

原因就在于，当你在社交网站上发帖时，你会一遍又一遍地查看自己的帖子。以在 X 上发帖为例一起看一看吧。

首先，你在 X 上发帖。过了一个小时左右，当你再次登录 X 时，通常会在时间轴的顶端看到你的帖子。

几个小时后，如果你再次查看 X 页面，就会看到一些对你刚发的帖子的评论。你只有在记住原帖内容的情况下才能回复评论，因此你在写评论时一定会查看或记住原帖。

当你第二天登录 X 时，你一定会想看看有多少人对昨天的帖子点赞和回复，所以又会去看你昨天发的帖子。之后你还会在不同时间收到回复，所以你会一边回复这些回复，一边回忆起这篇文章。

在一周内复习三次就会记住，这是记忆的大原则。如果你在社交网站上发布了一篇文章，那么一周内你肯定会不止三次地再次接触到这篇文章。

就像这样，当你在社交网站上发布一篇文章时，你会多次查看这篇文章，自然会产生重复记忆效应。

社交记忆术 ❸
开心和有趣会留下记忆 ——"赞！记忆术"

因别人给予的反应而能持续记忆

"只要输出，就能记住！"如果我这么说，一定会有人反驳："那即使不发布到社交网站也可以啊？"

确实，输出只做一两个月可能意义不大。然而，让输出成为习惯却有助于记忆的保持。要达到取得飞跃性的个人成长的程度，你需要坚持一年或更长时间。

例如，你读了一本书并写下了自己的感想。你可以买一个笔记本，把阅读感悟写在上面，通过这一输出方式巩固记忆的效果，其实和在社交网络上发帖子是一样的。然而，你是否能坚持写下去呢？写这个谁也不会看的读书笔记。短时间内，比如一两个月或许可以，但你能坚持半年、一年甚至几年吗？这对大多数人来说是不可能的。

因为他们没有得到任何反应。没有人批评你，也没有人称赞你。你不停地写书评，却得不到任何回应。甚至没有人知道你一直在坚持写书评。几乎不可能有人有足够的精神力量将这样一项孤独的任务坚持数年。

那么，社交网站是什么情况呢？当你上传一本书的读后感时，你会得到点赞和评论。当你收到点赞时，知道有人读了你的书评，自然会很高兴。当你收到 "太有价值了" "非常有帮助" 的评论时，你会更加兴奋。"原来这样的文章对别人来说是有价值的"，这样的想法也会让你变得更有劲头，更有动力。

社交网络在某种意义上是可怕的，因为读者的评价是公开的。但对于那些产出高质量作品的人来说，社交网络是一个非常鼓舞人心的媒介。

如果你是在孤独中完成作品输出，不向任何人展示，那就很难坚持下去。点赞、评论和转发，其实就是认可、支持和鼓励，可以增强你的动力，使你有可能继续下去。这就让个人成长成为可能。

你所要做的就是在社交网站上发帖。这是一个非常简单的输出技巧，但效果却非常巨大。

社交记忆术 ❹
以输出为前提进行输入 —— "被看见记忆术"

"有人读"的压力会增强记忆力

写下一本书的读后感，无论是写在社交网络上，还是写在个人的读书笔记上，都属于输出行为，都对记忆有促进作用。但严格来说，这两者之间还是存在相当大的区别。

将同一篇感想或书评，分别写在读书笔记上和写在社交网络上，所收获的效果是完全不同的。

发表在社交网站上的前提是别人会看。如果你不希望别人读，不想让别人看到，那么就不应该在社交网站上发表，或者你应该把帖子设置为"仅自己可见"。

"有人读" 的轻紧张感，可以帮助你集中精力，写得更好，记得更牢。你永远不知道谁会读你的文章，所以如果文章写得不好就会很尴尬。而且肯定也不想收到负面评论，所以你必须写出具备一定质量的文章。正如我在 "适度紧张记忆术" 一章中所写，这种压力会造成适度紧张，进而分泌去甲肾上腺素，帮助你记忆。

如果想到有 5 万人读就会变得认真

从 2004 年开始，我在美国的芝加哥度过了三年的留学时光。我是一个电影爱好者，在留学期间每周会看四部左右，每个月看 15 部以上的电影。我看了这么多的电影，如果不进行输出就太可惜了。

于是，我开始发行一份名为 "来自芝加哥的电影精神医学" 的邮件杂志，内容包括我在美国看到的最新电影的评论、对电影的心理分析以及我在美国的经历。我于 4 月来到美国，并于 7 月开始发行这份邮件杂志。然而，在我开始这项任务之后，我想 "糟糕了"。

我对自己的英语听力没有信心。虽然在来到美国之前，我的英语学得还不错，但还没有达到不看日语字幕就听懂电影的水平。另一方面，我已经开始了一份邮件杂志，在其中写入了观看的电影和发表的影评。这意味着我别无选择，只能拼命去听。我集中所有的注意力，力求不错过任何信息。我就是抱着这样认真的态度看每一部电影的。

结果，我的听力以惊人的速度得到了提高。在美国的第一年，我能听懂大约七八成的内容；第二年，我能听懂超过九成的内容。

这一定程度上归功于我的电子邮件杂志的发布。在日本最大的邮件杂志发行网站"magumagu！"的"magumagu邮件杂志奖评选"中，我的邮件杂志位列第三，并获得了"娱乐类奖"和"年度新秀奖"，很快就成了广受欢迎的邮件杂志，发展成为拥有多达 5 万名读者的大热门。

当想到有 5 万人阅读时，你就会认真对待。因为以后还要为邮件杂志写文章，所以我很认真地听和背电影故事和对白。距离我在美国学习已经过去 17 年了，但我仍然记得当时我看过的电影，甚至记得在哪家电影院、和谁、在什么情况下看的。

例如，我刚到美国就看了斯皮尔伯格导演的《幸福终点站》，影片中的主人公完全不会说英语，让我产生了强烈的共鸣。我在万圣节看了《电锯惊魂》，这是一部故事情节极其复杂的恐怖片。《迷失东京》，是我和一位美国精神病学同行一起看的电影，并讨论了其中的心理学问题。还有《星球大战 4：新希望》，我在一个户外电影节上和成千上万的人一起观看了这部电影，感受到了超强的情感冲击……我对它们都记忆犹新，就像一个月前刚看过一样。

当你的输入基于输出时，记忆就会如此深刻。

有人注视时，人们的表现会更好。

"必须要输出" "也许会有很多人阅读这篇文章" 这样的压力和适度的紧张感，可以帮助你释放去甲肾上腺素，提高注意力、观察力和记忆力。

社交记忆术 ⑤
利用视觉信息记忆力超强 —— "图像发布记忆术"

视觉信息容易被记住

很多人在 X 和 Instagram 发布的帖子都带有图片，从记忆的角度来看，这是一件非常好的事情。因为照片、图片、插图和图表等视觉图像更容易让人记住。

实验表明，与只接收口头信息的被试相比，在 72 小时后对被试进行测试时，那些同时接收到口头信息和图片的被试记住的信息量会增加 6 倍以上。

使用图片的记忆效果要好得多，这是一种极其重要的记忆策略。

通过自己绘制插图和图片，以及制作具有视觉吸引力的图表和表格，你会发现信息更加容易记住。

工作记忆研究表明，语言信息和视觉信息是在不同的区域进行处理的。

打个比方，汇集了 1000 人的音乐厅，如果只有一个入口，无疑会出现排长队和混乱的情况。如果增加入口数量为两个呢？拥堵会减少一半，入场也会更顺畅。

在背诵和记忆时，大多数人都以语言为中心进行输入。但是，如果只想挤进一个语言入口，输入量就会受到限制，很快就会没有空间。因此，最好开通并使用另一个视觉入口。这将使你的输入效率提高至两倍，甚至更多。

我在社交网站上发表文章时，总是会附上照片或图表。这是因为它们能吸引眼球，吸引更多人阅读。而且，它们还会留在我的记忆中。

照片、图表、表格和图形具有视觉冲击力，易于记忆。善用视觉信息，不仅自己会记住，读者也会记住，你还会获得更多的赞和分享，从而提高你的积极性。

这真是一种一石三鸟的发布方式。

社交记忆术 ❻
减少输入的信息量 —— "知识的图书馆记忆术"

输入的信息越多，记住的信息和知识就越少！

如今，我们正置身于信息风暴之中。

大量信息通过互联网和智能手机涌入我们的生活。无论是在公交车和地铁上，还是在等红绿灯时，甚至是在走路时，都有成千上万的人在花时间处理这些信息。

关于我们大脑的机制已经提及多次，除非我们的情绪被信息深深打动，否则只看一遍的信息会被迅速遗忘。

那么，是接触100条只看一次的信息？还是只接触30条重要信息，然后再花时间复习两次（一共接触三次）？如果花费的总时间相同，哪种信息收集方法更有优势？

一次看100条信息的人，会忘记其中的大部分信息。

三次看 30 条信息的人能记住大部分信息。

让我们在一年内反复实践这两种方法吧。前者的大脑依然空空如也，而后者的大脑却建立起了一个"知识图书馆"。

很多人认为，输入量越大，记住的信息和知识就越多，个人成长就越快。但事实上恰恰相反。输入量越多，记住的信息和知识就越少。

这是因为时间是有限的，所以你花在输入上的时间越多，你用于输出（复习）的时间就越少。而没有输出的知识总是会被遗忘。

如果是这样的情况，你还想增加输入量吗？

你想从早到晚都手握智能手机，埋头于信息和知识之中，收集信息，却没有任何生产力和个人成长吗？听起来很刺耳，但这就像一个囤积垃圾的人，无法扔掉，不断地囤积。

收集过多信息的人，会在大脑中形成一个无用的"信息垃圾屋"。

严格有选择性的信息收集者则会在大脑中建立一个"知识图书馆"。

不要盲目搜索文件！

"信息垃圾屋" 和 "知识图书馆" 的区别在于，信息和知识是否有条理。整理得越有条理，检索信息所需的时间就越短。

本章关于外化的重点在于，如果你能在 15 秒到 30 秒内回忆并再现你自己写的感想和启示，那么无论你是将它们存储在大脑、电脑还是社交网站上，都没有什么区别。

这里的关键是 "15 秒到 30 秒" 的时间限制。如果你打开想要阅读的文档需要三分钟以上的时间，那么你并没有真正记住它。大多数人认为 "我可以过后再搜索"，但即使你搜索想要的文件，也未必能立即打开。

例如，在我的电脑上使用关键字记忆进行搜索，可以检索到 1373 个项目。如果我要从中搜索记忆相关的文件，又要花费相当长的时间。

你可能会认为搜索代表着可以节省时间，但对我来说，在电脑中搜索是在浪费时间。如果我从一开始就记得我要找的文件在哪个文件夹里，我就可以立即从该文件夹打开文档，比搜索更快地找到文件。

要做到这一点，你需要提前把文件和文档整理好。

例如，本书《记忆脑》中关于记忆的手稿和笔记我都存储在一个名为"记忆脑"的文件中。这些文件也是按"文档—2015 年写作—记忆脑"的层次排列的，在"记忆脑"中，我创建了一个名为"old"的文件夹，其中包含了所有已处理的文件。

如果想检索记忆相关的某个手稿，我可以打开"记忆脑"文件夹，就能立即找到想要的文件。就像这样，通过将文件整理得井然有序，你就能以比搜索更快的速度打开某个文件。

你应该始终保持电脑中的文件井然有序。

如果电脑桌面上堆满了许多文件，凌乱无章，你就不可能将电脑上的信息作为脑外记忆来即时参照。

社交记忆术 ❼
保持输入和输出之间的平衡 ——"信息平衡记忆术"

重要的不是记忆，而是加速个人成长

我们说输入太多不好，那么，输出越多越好么？也不一定。在输入特别少的时候再努力地输出，也不会输出多少。

例如，一个每天都更新的博客却充斥着枯燥乏味的文章，让人不想阅读；或者，一个商业作家每月出版一本书，但所有的书内容都过于单薄……这都是很好的例证。

只有保证了输入的质量和数量，才可能有好的输出。在输入和输出之间保持良好的平衡，是加速个人成长的最佳途径。

输入与输出的最佳比例是 3∶7。(引用自《最高学以致用法》)

就商业人士而言，那些说自己 "学习了很多但没有成果" 的人，很可能是输入很多但输出太少。

正如我多次说过的，如果不输出，就会忘记。只输入不输出，就像试图用笸箩来舀水一样。

我经常被问及如何解决没有时间输出的问题，其实解决方法很简单：减少输入时间，把更多时间花在输出上。

例如，假设有一个人每月读三本书。如果他只花很少的时间输出，那就等于是为了忘记而在读书。如果是这样的话，他不如限制自己看书的数量，每月只看一本书，并对这本书进行适当的输出。这将有助于他记住书中的内容，同时，也会带来更多的个人成长。

我写这本书的目的不是为了提高大家的记忆力，而是要告诉大家，任何人，无论记忆力好坏，只要输出，就能保留记忆。

重要的是，要通过培养写作、表达、组织、解决问题和沟通等业务技能来加速个人成长，而不仅仅局限于提升记忆力。为此，我希望你注意输入和输出之间的 3∶7 的平衡，养成输出习惯，以促进个人成长。

第 6 章
增加脑的工作区域 提升工作效率
——精神科医生的"释放大脑内存工作术"

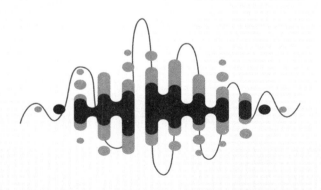

释放大脑内存，提升工作和学习效率——"释放大脑内存工作术"

健忘的真正原因是什么？

当你去另一个房间拿东西时，刚一打开门，却发现自己已经忘了要拿什么，不禁自问："哦，对了，我是要拿什么来着？"你有过这样的经历吗？

我想每个人都会有这种健忘的经历，但如果这种情况经常发生，你可能会担心自己是否得了老年痴呆症。实际上，这种健忘与痴呆症或长期记忆并无直接关系。它是由于边走边想或分心玩手机而造成的大脑暂时性信息超载。

虽然人的记忆力有存储大量信息的潜能，但因为信息输入的入口非常狭窄，很容易引起溢出。

在大脑内部，有一个大脑的工作空间，即工作记忆。工作记忆是利用大脑进行思考、决策、记忆和学习的重要区域。

它保存信息的时间很短，从几秒到最多 30 秒，信息处理一结束，信息就会被抹去，被下一条信息所覆盖。

例如，当朋友给你一个手机号码时，你能够把这个号码存储在脑海中，直到你把它输入手机。然而，在输入完成的那一刻，这个号码就会从你的大脑中消失，这时所使用的正是工作记忆。

再比如，请心算"26 − 7 + 12"。

首先，26 − 7 等于 19，然后 19 + 12 得出答案 31。在运算中途得到的数字 19，如果不能在短时间内保持记忆，则无法进行下一步运算。

这就是大脑的工作空间，即工作记忆的应用场景。

大脑无法同时处理很多事情

假设你今天有五项任务要完成。在这种情况下，你可能会感到时间紧迫，心情焦急，为了按时完成工作，你不得不加快速度，甚至可能会陷入恐慌状态。此时我们焦头烂额。

但是，如果你今天只有两项任务需要处理，你就能够轻松应对，而不会感到焦头烂额。

焦头烂额实际上是一种工作记忆不足的表现。如果用电脑来打比方，它就像是由于内存不足而导致的运行不稳定的状态。

那么，我们究竟能同时处理多少信息呢？

很久以前，人们普遍认为工作记忆可以同时处理"7±2"个事件，也就是同时处理 7 个左右的事件。而"神奇的数字7"这一假说也广为人知。然而，最近的研究表明，我们能同时处理的事件数目并没有那么大，4 个左右才是更合理的估计。

这是在实验层面测定的，比如通过"单词数""数字单元数"等指标来衡量。就日常工作或信息处理而言，这个数字甚至会更小，可能会变成 3。

无论如何，工作记忆可一次性处理的信息量是非常有限的。当信息量超标时，处理速度就会明显减慢，甚至会停止工作。另外，还可能出现健忘的情况，比如忘记刚刚听到的内容。

当然，根据工作记忆和工作负荷的个体差异，每个人可同时处理的信息数量也不尽相同，但为了明了起见，我们在本书中将使用 3 这个数字。

如果我们把工作记忆想象成一个大脑工作区，它由 3 个托盘（或板块）组成。"视觉信息""听觉信息""思维""想法"等相继进入其中。通过瞬间或几秒钟的处理，托盘就会清空。然后，再处理下一条信息。

释放大脑内存，让工作更出色！

工作记忆就像电脑中的内存（RAM）。它能够即时访问和处理海马体中临时存储的信息以及颞叶中存储的长期信息。在本书中，我将大脑在短时间内处理信息的记忆空间，包括访问海马体的过程，以工作记忆为核心，更简单地表述为大脑内存。

如果你有过早期使用电脑的经验，请回忆一下：当你在电脑上同时启动三个软件时，电脑的运行速度可能会明显减慢；如果同时启动四五个软件，电脑可能会死机并完全停止工作。这种情况通常是由内存不足造成的。为了避免这种情况，我们必须确保尽可能多的可用内存空间，例如不启动不必要的软件，并尽可能关闭那些当前不使用的常驻软件。

这个原理同样适用于我们的大脑。

例如，"我今天下午 3 点有个重要会议""我必须在 5 点前提交一份报价""我非常期待晚上 8 点和女朋友的约会""我必须得查看手机上的信息"……当我们的脑海中同时浮现出数个想法时，我们的大脑内存就可能被消耗殆尽了。因为大脑中只有 3 个托盘，所以当这些杂念涌入主要的工作托盘时，就会导致大脑内存超载，降低工作效率。

因此，请不要同时思考太多事情。通过减轻大脑记忆的负担，比如避免一次性处理若干项工作等，换句话说，就是通过释放大脑内存，我们可以提高工作和学习效率。

虽然这可能与传统的记忆术稍微有所偏离，但本章将探讨如何做到这一点——"释放大脑内存工作术"。还将介绍如何正确使用"待办事项清单"来最大限度地提高大脑内存，以及卸载知识的方法。

实现大脑内存最大化的七条规则

清理你的大脑，不要想多余的事

当"我等会儿必须要发邮件"或"不知道××怎么样了"等悬而未决的事情充斥大脑时，它们会在不知不觉中消耗我们的大脑内存，就像电脑中的常驻软件会在不知不觉中消耗电脑内存一样。

可能你自己并未意识到这一点，但却因此大幅降低了工作效率。

那么，我们该如何提高大脑内存呢？

通过清理你的大脑，把所有不必要的想法从你的大脑中清除出去，从而最大限度地提高大脑内存。

下面我将介绍七种具体的方法。

实现大脑内存最大化的七条规则 ❶ 不要一心多用

大脑不能同时处理多件事情

我们总是喜欢一心多用，试图同时处理多项任务，但许多大脑研究表明，大脑不能一心多用，当我们试图一心多用时，大脑的效率会大大降低。

例如，有报告显示，当试图同时执行两项类似任务时，大脑的效率损失可高达 80%～90%。

其他实验也显示，驾驶时同时处理多项任务会使反应时间减慢约 1.5 秒。以 50 千米/小时的车速计算，1.5 秒可以让车辆前行约 20 米。

另外，我们经常听说有人在开车时试图取物或分心玩手机而导致交通事故。

看似你在进行多任务处理，实际上，你的大脑是正在来回切换。

实际上，我们一次只能交替处理一项任务。

换句话说，大脑为这种切换浪费了大量能量。

当然，的确有些人擅长多任务处理，他们的工作记忆比其他人更好。换句话说，他们的大脑里可能有四个或者五个托盘，而不是只有三个。

不做多任务处理，100% 专注于手头的任务，一次完成一项任务，这才是最聪明的用脑方式。

音乐到底是有利于工作，还是会妨碍工作？

说到多任务处理会降低工作效率，有些人可能会反驳："不对，就我而言，我听音乐时工作效率会更高。"

那么，工作时听音乐，到底是会帮助你完成更多工作，还是会对你的工作产生负面影响呢？

根据一项对大约 200 篇论文进行分析的研究，发现"听音乐有助于完成工作"和"听音乐会妨碍工作"的研究结果数量几乎相等。具体而言，音乐对记忆力和阅读理解力有负面影响，而对情绪、工作速度和体育锻炼有积极影响。

与我们交谈过的许多外科医生都表示，如果在手术过程中播放自己喜欢的音乐，他们会更容易集中注意力。这可能是因为手术与记忆或阅读无关，而是与工作有关。一些公司也会在工厂生产线上播放音乐，以提高工人的工作效率。

音乐对工作和体育锻炼有积极作用，因为这两项任务需要活动双手和身体。

音乐对学习、记忆和阅读有负面影响，而对工作和体育锻炼有正面影响。

音乐的效果取决于你所从事的工作类型。

实现大脑内存最大化的七条规则 ❷
写下全部心中所想

多任务同步思考是大忌——写完忘记节省大脑内存

多任务通常是指同时处理两件及以上的事情。事实上，即使你不采取实际行动，仅仅是同时思考两件或更多的事情，也就是多任务同步思考，也会消耗大脑内存。

当你满脑子都是"我一会儿还要发邮件""不知道××怎么样了""我下午 3 点还要开会"等想法，这些想法在脑中飞旋、碰撞，处于"这个也是，那个也是"的状态时，你的大脑内存就会被消耗殆尽。

那么，怎样才能消除这些杂念呢？

最简单的消除方法就是把它们写下来。或者更准确地说，是"写下来，然后忘掉它"。

我把所有的想法都写下来，不仅仅是计划和日程安排。我在待办事项清单上写下与今天工作有关的所有事情，至于其他想法和灵感，我会将它们记录在电脑上的便签上。

工作时，与工作有关的灵感经常会闪现。好不容易出现的灵感，如果忘记了，那就太可惜了。但是，如果你开始深入思考这个想法，就会偏离手头的工作。因此，我会立即记录下这个想法或灵感，然后回到原来的工作中去。

如果你正在用笔记本电脑工作，那就使用桌面上已打开的电子便签，这比写在纸质备忘录上更方便。如果是一两行的笔记，那只需 10 ~ 15 秒钟就能完成。然后你就可以马上回到原来的工作中。

这样，你就可以继续工作，而不会失去注意力。

如果这时候不记下来，同样的想法以后还会出现，会干扰你的工作。重要的是要"写下来，然后彻彻底底地忘记它"。

因为你已经写下来了，所以以后就可以随时查看笔记。即使忘记了也没关系。

如果你能养成"写下来，忘掉它"的习惯，你的大脑内存中就不会有多余的信息涌入。大脑内存一直处于充足的状态。这样，你就可以继续舒心地工作了。

实现大脑内存最大化的七条规则 ❸
不要存储未完成的任务

大脑不超负荷的方法

苏联心理学家蔡格尼克在他常去的一家咖啡馆里有个有趣的发现。

咖啡店的员工不用做笔记就能准确地记住好几位顾客的点单，但只要菜品一上桌，他们就会忘记点单的所有细节。他注意到了这个不可思议的现象。

后来，他用心理学实验证实了这一发现，即正在进行中的事件和未完成的课题更容易被记住，这就是所谓的"蔡格尼克效应"。

在电视节目正精彩时，会插入"广告后继续播放"的字样；电视连续剧会在观众心里惦记和好奇"接下来会发生什么?"的时候，结束一集的播放…… 这些都是利用"蔡格尼克效应"来吸引观众注意力的策略。

当人们需要完成一项任务时，他们会变得紧张，但当任务完成后，这种紧张感就会消失，他们最终会忘记任务本身。相反，如果任务被打断或没有完成，紧张感就会持续，未完成的任务也会让人记忆犹新。

有时，你会看到有博客根据"蔡格尼克效应"推荐："最好在学习或任务进行到一半时停下来，而不是完成任务，因为如果任务被打断，就更容易记住。"但这完全是对"蔡格尼克效应"的误解。

实际上，在任务完成之前，它一直保留在记忆中，但在完成任务的那一刻，就会被遗忘。换句话说，中断学习或工作并不会使其更容易保留在长期记忆中。

不止如此，如果抱有很多未完成的任务，肯定会降低学习或工作的效率。

一个咖啡店服务员能同时记住多少份订单？最多记住三份，如果没有笔记，要记住十个人的点单就非常困难了。这是因为订单的数量超过了大脑内存的极限。

咖啡店的服务员在上餐之前会记住谁点了什么。我们暂且把这种未完成的记忆称为"蔡格尼克片段"。点单数量越多，大脑内存就越多地被"蔡格尼克片段"占据。结果，当订单超过一定数量时，大脑内存就会超负荷。

同样，当我们在日常工作中有若干未完成的任务时，我们的大脑内存就被"蔡格尼克片段"占据了。这会使大脑超负荷工作，降低大脑性能，其中的原因与多任务相同。

因此，为了有效利用大脑，提高工作效率，逐一清除未完成的任务，减少未完成的任务的数量，显得至关重要。

实现大脑内存最大化的七条规则 ④
运用"两分钟法则"加快工作进度

避免存储小任务的方法

当你在备忘录、待办事项清单或便签上写下想到的小任务时，你可能会试图立即忘记它们。不过如果你经常这样做，你的待办事项清单就会不断累积，最后可能面临一大堆不重要的小任务堆积成紧急事态的风险。

这时，"两分钟法则"就派上用场了。"两分钟法则"的意思是，任何能在两分钟内完成的事情都应该立即着手去做。

例如，当你收到一封来自 A 的电子邮件时，明明心里想着"我必须回复"，但又转念一想"我稍后再回复吧"，于是就将此事搁置了。这只是对一封邮件的回复，但一旦你决定"稍后再回复邮件",到时候就必须重新启动邮件程序,再次打开 A 的邮件并重新阅读。在开始回复之前,你需要额外花费 30 秒到 1 分钟的时间。假使回复邮件本身只需要 30 秒,那么如此一来,你损失的时间就超过了一倍。

因此,能马上完成的任务,就趁现在立刻做好。增加大脑内存的窍门就在于减少待处理、进行中或未完成的任务数量。

实现大脑内存最大化的七条规则 ❺
根据 "30 秒规则" 做出决定

快速做出决定,避免出错

我经常在亚马逊上购买一些急用的书,一般会在 30 秒内迅速决定买还是不买。如果没有当即决定,那么一个小时后,"对了,我想要那本书,不如买了吧"的想法往往会再次出现在脑海中。

如果当时未能做出决定,过后就不得不再三思考。而再次做决定时,又要从头开始考虑,这无疑会造成时间的浪费。"迷茫""未决定"和"待定"的状态都是对时间的巨大浪费，同时也是对大脑内存的浪费。

　　因此，我尽可能在 30 秒内迅速做出决定。这就是我所说的"30 秒决策规则"。如果实在无法立即做出决定，我会做出"保留"的决定。也就是现在决定"以后再做决定"。但在这种情况下，我一定会为自己设定一个做出决定的时间框架。

　　你可能也有因为没有收到他人的回复，所以无法做出决定的时候。在这种情况下，你可以决定"在三天内做出决定"，并在日程安排本上明确写下"决定×××事项"。这样，在接下来的三天内，你就无须再为这件事分心了。

　　或许有些人会担心："如果我这么快就做了决定，却做出了错误的决定怎么办？"

　　你听说过"第一手棋理论"吗？给职业棋手展示棋盘，让他思考下一步棋，将他在 5 秒钟内思考的棋步与他思考 30 分钟的棋步进行比较，结果一致率居然高达 86%。在大多数情况下，无论你是在 5 秒钟内做出决定，还是经过深思熟虑后做出决定，结果都是一样的。

　　那么，我们何不尝试快速做出决定，释放大脑内存，从而更加专注于其他任务呢？

实现大脑内存最大化的七条规则 ❻
办公桌整洁的人工作能力更强

一切从整理开始

"办公桌干净整齐的人"和"办公桌脏乱的人",哪个工作能力更强?

答案不言而喻,桌面整洁的人能够在宽敞无扰的办公桌上舒适而专注地工作。相反,如果桌面很脏乱,就会产生各种干扰。

当看到桌面上的文件,你可能会想:"这些文件本周要交吧?"看到一本书,又会想"这本书我还没看完呢。"看到一张账单,则会想:"哦,我还没付款呢。我必须在本月底之前付清。"或者找不到某样东西:"哦,我的尺子呢?"这样,你的注意力会被不断分散和重置。

毫无疑问,这些杂念会消耗大脑内存。

大脑是一个极其复杂的信息处理工具。当信息进入大脑时,它会下意识地自行处理。

例如,你正在开车,突然一个孩子冲了出来,这时你会立即踩下刹车。你的注意力一直处于高度集中的状态，这样你才能对危险做出快速反应。这是一种无意识层面的注意力网络，它就像是大脑的自动驾驶功能，但也在无声无息地消耗着大脑内存。

如果桌子上堆满了多余的东西，大脑的注意力就会不自觉地被它们吸引，从而消耗大脑内存。因此，要想集中精力工作，首先要做的就是清理桌面，从整理开始。

我从曾在船井研究所工作、现任独立顾问的野田佳成先生那里听说过一个有趣的故事。他告诉我，船井幸雄经常说："整洁干净的办公桌是成功人士的必要条件。"而且，船井先生还会亲自突击检查员工的办公桌是否井井有条。一家拥有约 5000 家公司客户的咨询公司的董事长将整洁视为一条重要的成功法则，这一点很值得深思。

为什么拥有整洁办公桌的人会更容易成功？原因有很多，但从脑神经科学的角度来看，拥有整洁办公桌的人也拥有整洁的大脑。

他们能够高度集中注意力完成手头的任务，而不会耗尽大脑内存，因此，他们取得成功也就不足为奇了。

实现大脑内存最大化的七条规则 ❼
时而"去智能手机化"

查看智能手机会消耗大脑内存

智能手机本应让我们的生活更加便捷，但实际上，智能手机却常常让我们的工作效率大打折扣。

据说，一个人需要 15 分钟以上的时间才能进入专注状态，但每当我们的注意力被打断，这种专注状态就会被重置。

智能手机和移动电话是最常见的干扰因素，导致我们需要不断地重置注意力。也许有人说："我工作时不看手机上的任何私人信息，只在休息时查看。"然而，大部分情况下，一旦进入休息时间，我们就会不自觉地掏出手机，开始查看信息和电子邮件。

如果头脑中没有常驻"休息时我要查看手机上的信息！"这样的想法，你就不可能那么迅速地拿出手机。换句话说，"休息时查看手机"的想法可能已经悄然占领了大脑中仅有的三个托盘之一。

即使你在工作时间完全不看手机，但如果"休息时我要看手机"的想法经常在你的大脑中闪现，那么你肯定在无形中消耗着大脑内存。大多数智能手机用户可能或多或少都有这种手机依赖症。

等车的时候在玩手机，坐车的时候在玩手机，走路的时候也在玩手机……如果你一天 24 小时都放不下手机，那么你的大脑里无疑已经常驻了一个"查看手机"的软件。

我并不会建议你停止使用手机，但希望你能意识到，即使只是把手机打开电源放在口袋里，它也会消耗你的大脑内存。

例如，当你决定"专心工作!""在一小时内完成这项工作!"那么你就应该坚决地在完成这项工作之前不看手机，关掉手机，把它放在抽屉里或包里面。

这样做应该能有效地避免因为查看手机这一行为对大脑内存造成的消耗。

"待办事项清单"的四个超级用法

如何正确撰写"待办事项清单"

想象一下，你的脑子里塞满了各种日程："上午 10 点前回复咨询""中午 12 点午餐""下午 3 点会议""下午 5 点前提交报价单""晚上 8 点与女友约会"……此时，对大脑内存的消耗其实远超我们的想象。

一个有效的方法是将这些计划、日程和未决事项统统记录在"待办事项清单"上，然后暂时忘掉它们。

这样就可以把自己从不必要的干扰中解放出来，释放大脑内存，从而得以将绝大部分精力集中在手头的工作上。

我每天上班前都会撰写一份"待办事项清单"。通过这份清单，我可以清楚地知道今天需要做什么，下一步需要做什么，这样我就可以顺利且高效地完成一项又一项任务。

当然，"待办事项清单"也不能随便写，否则没有任何效果。

接下来，我将教你如何正确地使用"待办事项清单"，以解放大脑内存，提高工作效率。

"待办事项清单"的超级用法 ❶
把"待办事项清单"写在纸上，放在办公桌的显眼位置

"待办事项清单"是提高工作效率的重要武器

"待办事项清单"应该写在纸上，还是应该使用电子工具，比如智能手机应用程序？对此，没有争论的余地，我的结论是毋庸置疑的。

写"待办事项清单"，除了用纸，别无他法。

因为如果不是写在纸上，它就失去了作为"待办事项清单"的意义。

就我而言，在工作时，我会把"待办事项清单"写在日程本上，然后展开放在桌子上，这样我就能随时看到它。"座右铭"放在座位右边，于我而言，就是"座右待办事项清单"。我的办公桌上总是放着一张"待办事项清单"。

当"下一个工作是什么"这个想法闪现在头脑中的时

候，我只需稍微移动一下视线，就可以查看到"待办事项清单"。这个过程只需要不到一秒钟的时间。这样，我就可以在保持注意力高度集中的同时，以最快的速度进入下一项任务。

许多人选择使用智能手机或平板电脑应用程序来管理他们的"待办事项清单"，但智能手机和平板电脑在闲置几分钟后就会进入睡眠模式（省电模式）。即使你把智能手机放在办公桌上，每次想查看"待办事项清单"时，也必须输入密码并打开屏幕。

虽然所需的时间可能只有五秒或十秒，但由于必须输入密码等操作，你原本已经高度集中的注意力会被重置为零。这就像在 F1 赛车比赛中每跑完一圈就要进站一样，大大降低了"待办事项清单"的利用效率。

此外，每次触摸手机，你都可能受到"查看一下信息吧"或"玩会儿游戏吧"的诱惑。即使这些想法只是在脑海中闪过，哪怕只是一瞬间，你的注意力也会被重置，同时也会损失大量的大脑内存。

我经常在网上看到一些抱怨使用"待办事项清单"不能提高工作效率的文章，我认为这些人使用"待办事项清单"的方法是错误的。

正确的做法是：把"待办事项清单"写在纸上，并始终把它放在办公桌上看得见的位置。

只要遵循这个原则，"待办事项清单"就一定能帮助我们释放大脑内存，成为提高工作效率的有力武器。

"待办事项清单"的超级用法 ❷
"待办事项清单"，划掉比写下来更重要

"待办事项清单"能增强动力

智能手机游戏"Pazudora"非常受欢迎，其下载次数已突破 6100 万次。简单计算一下，这意味着每两个日本人中就有一个下载过这款游戏。另一款受欢迎的游戏是"Tsum Tsum"。这两款游戏都属于"消除系游戏"，其历史可以追溯到俄罗斯方块和魔法气泡游戏。

这些游戏之所以既有趣又让人沉迷其中是因为它们极易让人上瘾。

30 多年来，消除系游戏的受欢迎程度始终未变，玩起来让人欲罢不能。它让人上瘾的秘密是什么呢？

研究表明，当视觉刺激在游戏中出现和消失时，大脑会产生两次强烈的神经反应。

当事物出现时，人脑会自然地做出反应，而当事物消失时，人脑同样也会感到兴奋。因此，在消除系游戏中，你必须不断去消除方块，这个过程会让大脑持续兴奋并沉迷其中。

"待办事项清单"的使用也是如此。每当我在"待办事项清单"上用横线划掉已完成的事项时，我都会感受到强烈的成就感。这就是消除动作给大脑带来的快感效应。

此外，当达到目标时，快乐物质多巴胺会被释放出来。多巴胺是动力的源泉，所以当多巴胺分泌时，我们的动力就会得到增强。"好嘞，下一次我也会努力！"当多巴胺分泌时，你就更有动力去追求更好的表现。

写下"待办事项清单"很重要，但划掉比写下更重要。要想把"待办事项清单"作为一种激励工具，诀窍就是在完成后立即划掉。

"待办事项清单"的超级用法 ❸
"待办事项清单"助你进入绝对专注的状态（心流状态）?!

一旦进入心流状态，即使写 50 页以上的纸稿也不会感到疲倦

你听说过"心流"这个词吗？

心流又称"zone"，是心理学家米哈里·契克森米哈赖提出的一个概念。引用其著作《心流》中的一段话，它是"一种状态，在这种状态下，人深深地沉浸在某项活动中，其他一切都变得不重要。这种状态下，体验本身是如此令人愉悦，以至于人们愿意花费如此多的时间和精力纯粹地做这件事"。

简而言之，这是一种绝对专注的状态。在这种状态下，你会忘记时间，沉浸在自己的工作中，并惊讶地发现自己以极高的质量完成了大量的工作。如果是一名运动员，这种状态会让其拥有适度的紧迫感，可以在比赛中享受比赛，取得比平时更好的成绩。

在写书的过程中，我经常体验到心流的感觉。在撰写本书的过程中，我想我至少有十次能够在心流状态下写作。就我而言，当我进入心流状态时，文章的灵感会源源不断地涌现。我非常享受将自己的想法转化为文字的过程。有时候，不知不觉，已是傍晚，我已经写了 50 多页稿纸。

时间似乎飞逝而过，我也不知疲倦，可以毫不费力地在一天内完成大量稿件，心情无比愉悦。

我非常享受这种时刻，"想写更多东西！"的积极性也随之高涨。

保持注意力高度集中的方法

如果你能有意识地进入心流状态，就能以压倒性的表现完成工作。

那么，如何进入心流状态呢？

我建议使用"待办事项清单"。

使用"待办事项清单"后，"我接下来该做什么？""下一步需要做什么？"这些问题都无须一一考虑了。因为工作的流程已经像详细的流程图一样确定，或者说你的身体已经无意识地记住了这一切。在这种情况下，你可以只专注于手头的工作。

事实上，"我接下来该做什么？"是最妨碍集中注意力的问题。当你的大脑正在集中精力、高效工作时，如果脑海中浮现"我接下来该做什么？"这个问题，注意力就会被打断，从而难以进入心流状态。

如果你能不用一一思索"我接下来要做什么"，直接埋头进入工作流程，那么就更容易进入心流状态。"待办事项清单"可以帮助你。

一般说来，要进入心流状态是很困难的，但如果你善用"待办事项清单"，就能有意识地进入心流状态，并快乐地取得压倒性的工作表现。

"待办事项清单"的超级用法 ❹
早上写"待办事项清单"

积极的螺旋式上升始于每天早上做的第一件事
——写"待办事项清单"

你通常什么时候写"待办事项清单"呢？我习惯于在早上写，就在我走到办公桌前，准备开始工作的那一刻。

我曾询问我的朋友们什么时候写待办事项清单，他们的回答大致可以分成两派：早上写和晚上写。那些选择晚上写的人认为，这样可以让他们知道明天的工作将如何推进，从而可以安然入睡，但也许有些人恰恰相反。

我曾出版过一本名为《精神科医生教你 12 条好眠法则》的书。这本书以及其他大多数关于睡眠的书里面都提到"**睡前思考明天的事，会给睡眠带来负面影响**"。

对睡眠最不利的事情就是焦虑。睡前焦虑和担忧来袭，会让人难以入睡。人们很容易为明天的事情感到焦虑，想着"××该怎么办呢"，因此最好不要在睡前去思考这些事情。

有些人可能会说："不，我一想到明天的事情就会感到兴奋。"但是，当你感到兴奋时，你的大脑会产生一种叫作多巴胺的化学物质。多巴胺是一种兴奋性快乐物质，它让人感到兴奋、紧张和快乐。如果在睡前分泌，它就会影响睡眠。这正是为什么在郊游的前一晚，人们会因为太期待明天的郊游了而睡不着。

睡觉前，既不能焦虑，也不能太兴奋。因此，我不建议在睡前写"待办事项清单"。

我曾经尝试过在睡前写"待办事项清单"，但往往在睡醒后会发现又增加了新的任务或需要改变任务的优先顺序。

在前文已经介绍过，记忆是在睡眠中整理的。当经过一夜好眠醒来时，你可以做出更正确的决定，而不会受到情绪的影响。换句话说，如果你晚上写了"待办事项清单"，那么第二天早上很有可能需要再次修改，费两遍事儿。既然这样，为什么不在早上写呢？

早上写"待办事项清单"，会激励你今天一整天都全力以赴，从而增强你的动力。设定目标能释放多巴胺。与晚上的多巴胺不同，早上的多巴胺会给你带来一天的能量，因此我非常推荐。

当天早上一开始工作，就完成了一整天工作的构想。如果你能一一在头脑中构想出这些任务，通常你就能高效工作，度过充实的一天。

忘记是最强的工作术——"卸载输入术"

忘记并不是一件坏事

很多人认为忘记是一种罪过，不喜欢忘记，总是竭力避免。

然而，我认为遗忘并不是一件坏事。只要我们能在需要的时候再次回想起来，那么暂时的忘记是完全没有问题的。事实上，如果总是努力不忘记，就是在浪费我们的大脑内存。

每当我完成一项重大任务后，比如写完一本书，我都会有意识地尝试去忘记。我会把它忘得干干净净，就像是在清理我脑子里的大包袱一样。

我称之为记忆的卸载。

通过有意识地忘记，我们可以快速吸收新事物。这样，下一个工作就会更顺利。

在本章的最后，我为大家介绍这种"卸载输入术"。

卸载输入术 ❶
"逆向蔡格尼克效应"消除记忆

我能坚持一年写三本书的理由

自 2009 年出版第一本商业书籍以来，我一直坚持每年出版三本书。当我告诉别人我每年写三本书时，大多数人都会惊讶地说："你怎么能写这么多书?""你是如何获得写这些书的灵感的?""你怎么能重复这么多的输入和输出?""素材永不会枯竭吗?"

我能坚持每年写三本书的原因很简单,那就是我一直在坚持写书。"什么?这怎么能称为理由呢?"很多人可能会这么想。然而,写书确实是将大量输入和输出相结合的最有效方式。

以我之前出版的《读书脑》一书为例。在开始写这本书之前,我阅读了 20~30 本关于阅读、输入和信息使用的书籍,收集了初步的信息,还通读了几十篇学术论文。这是一个巨大的输入量,如果集中精力读上一个多月,效率会出奇地高。因为集中阅读同一类型的书籍,你的阅读速度将飞速提升,你还能理清书籍之间的异同,更有效地整理知识。

我用一个月的时间编写该书的目录,然后在接下来的一个月里集中精力进行写作。最后,这本书就完了!"耶,写完了!终于完成了!"那一刻,我欢欣雀跃。

接下来要做什么呢?我先把读完的二三十本相关书籍和论文副本装进纸箱,放到地下室的储物室里。在清理掉房间里所有与读书有关的书籍的同时,我也从脑海中抹去了我所写的一切以及所有关于读书技巧的记忆。

虽说是消除记忆，但这到底无法任由自己选择。这是心情的问题。我会告诉自己："已经全部结束了，彻彻底底地忘记吧。"

至于读书技巧，我已经把一切全都写在了这本书里。即使我忘记了，如果有需要，我也可以翻阅我的书，马上就又能回想起来。

不可思议的是，关于读书技巧的知识真的会从我的脑海中消失，一干二净。

我将这种现象称为"逆向蔡格尼克效应"。蔡格尼克效应是指，正在发生的事件的记忆会被强烈地保留下来，而相反的情况则是已完成的事件的记忆很容易被忘记。

因此，我养成了一个习惯，即在完成一本书的写作后，我会停止思考它的所有内容，并尽量忘记它。

令人惊讶的是，当我这样做时，真的能够忘记。

在终稿确认到新书发行前的几个星期里，我尽量不去想书中的内容。这样，当我读到书的成品时，我会像欣赏别人写的书一样："哦，这本书挺有趣"或"这本书写得很好"。

卸载输入术 ❷
写完就全部忘记也没关系！

忘记后得以进行下一次输入

很多人执着于不忘记、记住和记忆，但其实写完就忘也没关系。事实上，把写过的东西都痛快地忘掉，清空大脑未尝不是一件好事。

清空大脑，忘记，可以在大脑中为下一次输入创造一个准备空间。清理掉脑中所有的"蔡格尼克片段"时，大脑会感觉无比轻松。

每次完成一本书的写作后，我都会有一种强烈的冲动。

那就是进行新的输入。尽管我刚刚写完一本书，但我会强烈地想要读书，不过一定是与刚写完的那本完全不同类型的书。通常，这时下一本要写的书已经确定了，我会从亚马逊订购 10 本左右与该题目相关的书，然后开始阅读。我还会订购这些书后参考文献中列出的书籍，并进行"串珠式阅读"。

我称之为"大脑卸载"。

我会把房间里所有的书都清理出来，与此同时，我也会把脑中的相关知识全部清空。通过这种"大脑卸载"的方式，可以在大脑中为下一次大量输入创造空间。

你是否有过这样的经历呢？你要做一个重要的演讲或发言时，在演讲之前，你已经阅读了大量的材料、文献，并记住了每一个细节，为提问做准备，但演讲一结束，你就把这些都忘得一干二净了。

很多人会想："我一定不能忘记""接下来还有一个演讲"或者"好不容易都记了下来"。但这样一来，它就成了未完成的事件。"蔡格尼克片段"会留在你的脑海中，继续消耗你的大脑内存。

这意味着，当你试图为下一个项目输入时，没有动力或能力去阅读相关书籍和文件，新内容无法像你希望的那样进入你的大脑。

写下来之后，你就可以忘记。不仅如此，写下之后，就请忘记。即使忘记了，当我们看到自己写的东西，当我们回过头来读它的时候，知识就会鲜活地出现在头脑中。

记忆本体不会轻易消失，我们只会忘记记忆索引。写是一个物理复制无数记忆索引的过程，因此，即使我们在写下后忘记了它，看到后也能立即回忆起来。

忘记是最强大的记忆和工作技巧，你是否理解了呢？

后　记

训练"记忆脑"，拓展你的无限可能！

非常感谢读完这本书的你。

读到这里，你应该已经注意到这本《记忆脑》与单纯的背诵技巧完全是两码事。简单地将信息存储在大脑中的传统记忆术已经成为过去式。

本书中介绍的"不记忆的记忆术"，不仅仅局限于将信息积累在大脑中，还通过记录在大脑之外的方式，如利用互联网或社交网络，几乎无限地扩展记忆的潜能。这是一种未来记忆术，恰好符合我们所处的时代。

虽然记忆力在成年前后达到顶峰，之后会逐渐衰退，但这并不是绝对的。通过发挥成年人的能力，随着年龄的增长，我们可以比以往更加出色努力地工作。通过运动和睡眠等方式激活大脑，养成防止大脑老化的生活习惯，我们可以实现大脑和身体的双重健康。

那些不进行任何训练的人，大脑会逐年萎缩，导致大脑老化和功能衰退不断发展，痴呆症也会悄然而至。面对老化、衰老和变老这些词，可能很多人会对未来产生悲观的想象，但这其实是因为他们没有对大脑进行训练。

那些持续训练大脑的人，可以期待进一步提高脑力和工作能力，通过重复输入和输出的方式，获得爆发式的个人成长，开拓人生的无限可能！

输出是成功的终极法则

正如我在前言中写到的，刚进入医学院时，我对同学们的记忆能力感到震惊，并意识到如果比拼记忆力，我将永远无法战胜大家。

在单纯的记忆力之外，还有什么办法能打败他们吗？从那时起，我积极地以精神科医生的身份在各种会议上发表演讲，作为业余爱好创建了一个汤咖喱网站，在美国留学期间出版了电影邮件杂志，回国后利用社交网络以通俗易懂的方式传递精神科信息，并撰写了大量书籍。

在过去的 30 年里，经过各种尝试和失败，我发现了一种既能展现自我和个性，又能最大限度地发挥自己潜能的方法。

我们可以称之为终极成功法则。而这一终极成功法则就是……

你可能已经注意到了，没错，输出正是成功的终极法则。同时，输出也是终极记忆技巧。输出令人更加难以忘怀，是个人成长的食粮。

不断重复输入和输出，个人就会像爬螺旋楼梯一样不断成长。当然，不仅仅是输出，也要进行足够的输入，你的个人成长才会加速。

在我的上一本书《读书脑》中，收录了我每天使用的所有输入技巧。而这本《记忆脑》中则包罗了我每天使用的所有输出技巧。可以说，两本书合二为一，相辅相成。如果你还没有读过《读书脑》这本书，我建议你读一读，以便最大限度地提高你的输入能力，以此更好地提高你的输出能力。

有些人很悲观，认为"无论我读多少本励志类书籍或工作指导手册，都无法改变我的生活、在职场中的地位或薪水"。这听起来很残酷，但那是因为他们只是看书，没有做任何输出。

只是看书，但是没有输出的话，是不会有效果的。

在这本书中，我介绍了一些记忆技巧，这些技巧是基于我 30 多年的经验和试错，并得到了最新脑科学的支持。如果你在实践这些诀窍时付诸行动，就不可能什么都没有改变。

大多数人"输入过剩，输出不足"。你甚至可以尝试减少输入时间，一点一点地增加输出。如果你实际尝试这样做了，一定会开启螺旋阶梯式的个人成长。

成为在手机中被看见的人，而不是看着手机的人

每当我坐上公交车或者地铁，我就会想，现在大家有太多时候是一直盯着手机了。

他们浏览的网站和视频可能各不相同，多种多样，但大多数人都把手机当作输入信息的途径。

如果你能把一些时间用于信息的输出，你的人生就会发生改变。

世界上的人可以大致分为两类：信息接收者或信息发送者。粗略来看，信息接收者的比例大概是 99%，而信息发送者的比例大致为 1%。甚至有可能是 99.9% 对 0.1%。这里面的主题词也可以替换为检索的人和被检索的人，以及付费者和收费者。

你想成为哪一类人呢？

　　幸运的是，在互联网世界里，社交网站、博客和其他信息传播媒介几乎都可以免费使用。如果你想从信息接收者转变为信息发送者，今天就可以开始行动。

　　你不需要像我一样面向几十万人发送信息。在信息传播方面，数字并不代表一切。我创立的汤咖喱网站起初每天只有十个人访问。

　　通过信息发布这一输出行为，你的记忆能力得到了锻炼，你的记录成倍增加，你自身也会获得迅速的成长。

　　此外，如果你所做的输出对他人有帮助，那么在得到他人的赞赏和欣赏的同时，你自己也会成长。

　　你将拥有健康的心智、大脑和身体。

　　还有什么比这更美好呢？

　　随着学习习惯、运动习惯，以及健康生活习惯的普及，饱受精神疾病困扰的患者一定会减少。

　　如果本书能够发挥这样的作用，那么作为精神科医生的我将感到无比荣幸。

作者介绍

桦沢紫苑，精神科医师、作家。1965 年出生于札幌。毕业于札幌医科大学医学部。2004 年起在美国伊利诺伊大学芝加哥分校精神病学专业学习三年。回国后，他创建了桦沢心理学研究所。他的愿景是通过信息传播预防精神疾病，并通过各种社交媒体向总计 100 万受众传递有价值的信息。他是 46 本畅销书的作者，其作品总发行量高达 240 万册。他撰写了多本人气专题书籍，包括总销量达 90 万册的《输出大全》《神·时间术》《零压力超级大全》《语言化的魔力》《享受紧张》和《读书脑》。